高等职业教育"十二五"规划教材

网站建设与管理

臧文科　胡坤融　主编

肖起涛　陈　印　张丽萍　副主编

清华大学出版社

北　京

内 容 简 介

本书的编写以培养学生的应用能力为主要目标，在内容的选取上，力求由浅入深、循序渐进、举一反三、突出重点、通俗易懂。

全书共分 10 章，主要内容包括网站系统概述，网站开发基础，HTML 与 CSS 核心基础，jQuery 入门基础，C#基本语法，ASP.NET 页面，ASP.NET 的常用组件对象，ASP.NET 数据库应用以及网站开发整体站点的发布、维护、安全管理等。

本书内容丰富、实用性强，通过网站案例，使读者能够对构建动态网站快速入门，并且达到较高的 Web 应用程序开发水平。

本书可作为计算机技术与应用、网络工程、电子商务等专业的"网站建设与管理"课程教材，也可供其他 IT 从业人员学习参考。

图书在版编目（CIP）数据

网站建设与管理/臧文科，胡坤融编著. —北京：清华大学出版社，2012.9
高等职业教育"十二五"规划教材

ISBN 978-7-302-29317-0

Ⅰ. ①网…　Ⅱ. ①臧…　②胡…　Ⅲ. ①网站-开发-高等职业教育-教材　②网站—管理—高等职业教育—教材　Ⅳ. ①TP393.092

中国版本图书馆 CIP 数据核字（2012）第 153186 号

责任编辑：杜长清
封面设计：刘　超
版式设计：文森时代
责任校对：柴　燕
责任印制：宋　林

出版发行：清华大学出版社
　　　网　　　址：http://www.tup.com.cn，http://www.wqbook.com
　　　地　　　址：北京清华大学学研大厦 A 座　　　邮　　编：100084
　　　社 总 机：010-62770175　　　邮　　购：010-62786544
　　　投稿与读者服务：010-62776969，c-service@tup.tsinghua.edu.cn
　　　质 量 反 馈：010-62772015，zhiliang@tup.tsinghua.edu.cn
印 装 者：北京市清华园胶印厂
经　　　销：全国新华书店
开　　　本：185mm×260mm　　　印　　张：13.5　　　字　　数：312 千字
版　　　次：2012 年 9 月第 1 版　　　印　　次：2012 年 9 月第 1 次印刷
印　　　数：1～4000
定　　　价：26.00 元

产品编号：048621-01

前　言

随着网络信息技术的飞速发展，网络传媒已被越来越多的企业重视，而网站就是传媒最常用的方式之一。目前有很多企业都在开发属于自己的网站，所以研究网站建设很有必要。

本书结合动态网页技术、数据库和相应的网站开发软件，阐述了网站前后台设计，并对其功能进行了论述，实现了整个网站功能的使用。通过对整个网站的设计，介绍了在设计过程中经常遇到的问题以及解决方法。本书从基础入手，通过大量的实例练习，系统、全面地介绍网站建设与维护的基本方法，说明了 IIS 的安装、Web 站点的配置等，讲解电子商务网站的规划设计、静态网站与动态网站的建设、站点发布和安全管理等主要知识。通过对这些内容的学习，读者可以轻松掌握网站建设和管理的基本方法。

全书共分 10 章，主要内容包括：网站系统概述，网站开发基础，HTML 与 CSS 核心基础，jQuery 入门基础，C#基本语法，ASP.NET 页面，ASP.NET 的常用组件对象，ASP.NET数据库应用以及网站开发整体站点的发布、维护、安全管理等。全书对一个网站从接收后的需求开始一直到网站的推广发布整个过程进行了全面地分析讲解，使学生可以直观地了解到网站开发的全过程。

尽管作者从 2003 年起开始从事网站建设与管理工作，并在实践中进行了较多应用，但鉴于当前计算机知识的快速更新换代，书中难免会有过时与不妥之处，恳请广大读者提出宝贵意见。

编　者

目　　录

第1章 网站系统概述

1.1 Internet 概述

1.1.1 Internet 的产生

Internet 是一个在全球范围内将成千上万个网络连接起来而形成的互联网络。互联网是20世纪的重大科技发明之一,是当代先进生产力的重要标志。互联网的发展和普及引发了前所未有的信息革命,已经成为经济发展的重要引擎、社会运行的重要基础设施和国际竞争的重要领域,深刻影响着世界经济、政治、文化的发展。

Internet 的诞生来自一个不起眼的设想,就连 Internet 的创始人也绝不会想到它能发展到目前的规模。从某种意义上来说,Internet 是美苏冷战的产物。当时美国国防部认为,如果仅有一个集中的军事指挥中枢,万一这个中枢被苏联的核武器摧毁,全国的军事指挥将处于瘫痪状态,其后果将不堪设想。因此,有必要设计出一种分散的指挥系统:它由一个个分散的指挥点组成,当部分指挥点被摧毁后,其他点仍能正常工作,并且这些点能够绕过那些已被摧毁的指挥点而继续保持联系。为了对这一构思进行验证,从20世纪60年代末至20世纪70年代初,由美国国防部资助,建立了一个名为 ARPANET(阿帕网)的网络,这个网络把位于洛杉矶的加利福尼亚大学、斯坦福大学,以及位于犹他州洛根市的犹他州州立大学的计算机主机连接起来,这个网络采用的是分组交换技术。这种技术能够保证如果这3所大学之间的某一条通信线路因某种原因被切断(如核打击)以后,信息仍能够通过其他线路在各主机之间传递,这个阿帕网就是今天 Internet 最早的雏形。

截至1972年,ARPANET 网上的网点数已经达到40个,这40个网点彼此之间可以发送小文本文件(当时称这种文件为电子邮件,也就是现在的 E-mail)和利用文件传输协议(FTP)发送大文本文件,包括数据文件,同时也发现了通过把一台计算机模拟成另一台远程计算机的一个终端而使用远程计算机上的资源的方法,这种方法被称为 Telnet。由此可见,E-mail、FTP 和 Telnet 是 Internet 上较早出现的重要工具,特别是 E-mail 仍然是目前 Internet 上最主要的应用。但是现在最为流行的 WWW 当时仍未诞生。

1972年,来自全世界计算机业和通信业的专家学者在美国华盛顿举行了第一届国际计算机通信会议。在这次会议上,会议人员就在不同的计算机网络之间进行通信达成协议,决定成立一个 Internet 工作组,负责建立一种能保证计算机之间进行通信的标准规范(通信协议)。1973年,美国国防部也开始了一个所谓的 Internet 项目,其目的是研究如何实现各种不同网络之间的互联问题。以上两个项目导致了 Internet 中最关键的两个协议的产生和发展,即 IP(Internet 协议)和 TCP(传输控制协议),合起来就是 TCP/IP 协议。现在说一个网络是否属于 Internet,关键看它在通信时是否采用 TCP/IP 协议。当今世界90%以上的计算机网络在和其他计算机网络通信时都采用了 TCP/IP 协议。

网络使用户不受地域分隔的局限，在网络达到的范围内实现资源共享。不管用户在什么地方，都可以共享网络上的程序、数据与设备。

为了在网络之间交换信息，需要在不同范围内实现网络的相互连接，从而形成由多个网络组成的互联网。Internet 就是全球最大的互联网，大量的各种计算机网络正在源源不断地加入到 Internet 中。通过 Internet，用户访问千里之外的计算机，就像使用本地计算机一样。

计算机网络在结构上包括两个部分，一部分是连接于网络上供网络用户使用的计算机的集合，这些计算机称为主机（Host），用来运行用户的应用程序或为用户提供资源和服务。网络上的主机也称为节点。另一部分是用来把主机连接在一起并在主机之间传送信息的设施，称为通信子网。

ARPA（Advanced Research Project Agency，高级研究项目局）网可以看作是最早和最著名的计算机网络，由美国国防部高级研究计划署创建。当时建立这个网络的目的是保障在战争中计算机系统工作的连续性，最初（1969 年底）只有 4 个实验性节点，但不久就扩展到几百台计算机。后来，与 ARPA 网连接的有卫星网 SATnet 以及与 ARPA 签约的学校和政府机构各自的局域网等，共几千台主机，10 万个以上用户，形成了整个 ARPA 互联网络。

USENET（世界性新闻组网络系统）是另一个著名的、最大的计算机网络，这个网络中的计算机都使用 UNIX 操作系统。UNIX 系统使用 UUCP（UNIX to UNIX Copy）程序，能够在两台相连的计算机之间复制文件，USENET 就是以这种通信方式为基础发展起来的，加入该网只需用一台运行 UNIX 系统的计算机和一个用于建立拨号连接的 Modem（调制解调器）。USENET 中的每一台机器都能与另一台直接通信，它没有集中的管理与控制，处于某种"无政府状态"之下，然而却受到数以百万计用户的支持，运行非常成功。USENET 在很多国家形成了分支网，如它在欧洲的部分称为 EUnet。

与 Internet 关系最为直接的计算机网络是 NSFnet。美国国家科学基金会（NSF）在建立著名的计算机科学网（CSnet）之后，又转向建立横跨全美的国家科学基金会网（NSFnet），这个网络可以说是走向 Internet 的真正起点。NSFnet 后来成为 Internet 基干网，Internet 起初就是以它为基础并连接其他几个网络而发展起来的。与 ARPA 网一样，NSFnet 也采用 TCP/IP 网络通信协议，这便形成了 Internet 的标准协议。

网络的出现，改变了计算机的工作方式；而 Internet 的出现，又改变了网络的工作方式。对于用户来说，Internet 不仅使他们进行数据处理时不再被局限于分散的计算机上，同时也使他们脱离特定网络的约束。任何人只要进入 Internet，就可以利用其中各个网络和各种计算机上难以计数的资源，同世界各地的人们自由通信和交换信息，以及去做通过计算机能做的各种事情。Internet 出现后，短短几年就遍及美国大陆，并延伸到世界各大洲。

中国科学院高能物理所从 1987 年起，通过国际联网线路进入 Internet 使用电子邮件，1991 年以专线方式实现同 Internet 的连接，并开始为全国科学技术与教育界的专家提供服务。自 1994 年以来，高能物理网、中科院教育与科研示范网、国家教委科研教育网、国家公共数据网以及其他一些计算机网络，先后完成同 Internet 的连接。

纵观 Internet 的形成过程，很难给 Internet 下一个确切的定义，只能通过说明其特点的方法来描述什么是 Internet，即 Internet 是采用 TCP/IP 协议为其标准网络协议的世界上最大的互联网络。

　　人们用各种名称来称呼 Internet，如互联网络、交互网、网际网、全球信息资源网等。Internet 实际上是由世界范围内众多计算机网络连接而成的一个逻辑网络，它并非是一个具有独立形态的网络，而是一个由计算机网络汇合成的网络集合体。

1.1.2　Internet 的作用

　　什么是 Internet？

　　Internet 是一个全球性的计算机互联网络，中文名称为"国际互联网"、"因特网"、"网际网"或"信息高速公路"等，它是由不同地区而且规模大小不一的网络互相连接而成的。对于 Internet 中各种各样的信息，所有人都可以通过网络的连接来共享和使用。

　　Internet 实际上是一个应用平台，在上面可以开展很多种应用，下面从 7 个方面来说明 Internet 的功能。

　　1. 信息的获取与发布

　　Internet 是一个信息的海洋，通过它用户可以得到无穷无尽的信息，其中有各种不同类型的书库和图书馆、杂志期刊和报纸。网络还为用户提供了政府、学校和公司企业等机构的详细信息和各种不同的社会信息。这些信息的内容涉及社会的各个方面，包罗万象，几乎无所不有。用户可以坐在家里了解到全世界正在发生的事情，也可以将自己的信息发布到 Internet 上。图 1.1 所示为搜狐网的主页。

图 1.1　搜狐网主页

2．电子邮件（E-mail）

平常的邮件一般是通过邮局传递，收信人要等几天（甚至更长时间）才能收到。电子邮件和平常的邮件有很大不同，电子邮件的撰写、收发都在计算机上完成，从发信到收信的时间以秒来计算。同时，在世界上只要可以上网的地方，都可以收到别人寄给自己的邮件，而不像平常的邮件，必须回到收信的地址才能拿到信件。图 1.2 所示为网易电子邮件的示意图。

图 1.2 网易电子邮件示意图

3．网上交际

网络可以看作是一个虚拟的社会空间，每个人都可以在这个网络社会上充当一个角色。Internet 已经渗透到大家的日常生活中，人们可以在网上与别人聊天、交朋友、玩网络游戏，"网友"已经成为一个使用频率越来越高的名词。网友，你可以完全不认识，他（她）可能远在天边，也可能近在眼前。网上交际已经完全突破传统的交朋友方式，不同性别、年龄、身份、职业、国籍、肤色的人，都可以通过 Internet 成为好朋友，他们不用见面就可以进行各种各样的交流。

4．电子商务

在网上进行贸易已经成为现实，而且发展得如火如荼，如网上购物、网上商品销售、网上拍卖、网上货币支付等。它已经在海关、外贸、金融、税收、销售、运输等方面得到广泛应用。电子商务现在正向一个更加纵深的方向发展，随着社会金融基础设施及网络安全设施的进一步健全，电子商务将在世界上掀起一轮新的革命。在不久的将来，用户将可以坐在计算机前进行各种各样的商业活动。

5．网络电话

中国电信、中国联通等单位推出 IP 电话服务，IP 电话卡成为一种很流行的电信产品而备受人们的欢迎，因为它的长途话费大约只有传统电话话费的 1/3。IP 电话凭什么能够做到这一点呢？原因就在于它采用了 Internet 技术，是一种网络电话。现在市场上已经出现了很多种类型的网络电话，有一种网络电话，通过它不仅能够听到对方的声音，而且能够看到对方，还可以是几个人同时进行对话，这种模式也称为"视频会议"。目前，Internet 在电信市场上的应用将越来越广泛。

6. 网上事务处理

Internet 的出现将改变传统的办公模式，人们可以在家里上班，然后通过网络将工作的结果传回单位；出差的时候，不用带上很多资料，随时都可以通过网络回到单位提取需要的信息。Internet 使全世界都可以成为办公的地点。实际上，网上事务处理的范围还不只包括这些。

7. Internet 的其他应用

Internet 还有很多其他应用，如远程教育、远程医疗、远程主机登录、远程文件传输等。

总而言之，在信息世界里，以前只有在科幻小说中出现的各种现象，现在已经慢慢地成为现实。Internet 还处在不断发展的状态，谁也预料不到，明天的 Internet 会成为什么样子。

1.1.3 Internet 的特点

Internet 是由许许多多属于不同国家、部门和机构的网络互联起来的网络（网间网），任何运行 Internet 协议（TCP/IP 协议），且愿意接入 Internet 的网络都可以成为 Internet 的一部分，其用户可以共享 Internet 的资源，用户自身的资源也可向 Internet 开放。

Internet 是一个无所不在的网络，它覆盖到了世界各地，覆盖了各行各业。

Internet 是一个包罗万象的网络，蕴涵的内容异常丰富，天文地理、政治时事、人文喜好等，具有无穷的资源。

（1）全球信息浏览。Internet 已经与 180 个国家和地区的近两亿用户连通，快速方便地与本地、异地其他网络用户进行信息通信是 Internet 的基本功能。一旦接入 Internet，即可获得世界各地的有关政治、军事、经济、文化、科学、商务、气象、娱乐和服务等方面的最新信息。

（2）检索、交互信息方便快捷。Internet 用户和应用程序不必了解网络互联等细节，用户界面独立于网络。对 Internet 上提供的大量丰富信息资源能快速地传递、方便地检索。

（3）灵活多样的接入方式。由于 Internet 所采用的 TCP/IP 协议采取开放策略，支持不同厂家生产的硬件、软件和网络产品，任何计算机，无论是大、中型计算机，还是小型、微型、便携式计算机，甚至掌上电脑，只要采用 TCP/IP 协议，就可实现与 Internet 的互联。

（4）收费低廉。政府在 Internet 的发展过程中给予了大力的支持。Internet 的服务收费较低，并且还在不断下降。

1.2 Intranet 概述

1.2.1 Intranet 构成

如果 Intranet 只是一个单纯的企业局域网，不需要与 Internet 连接，Intranet 的构成就相对简单，只需配备 Intranet 服务器，包括 WWW 服务器、E-mail 服务器、数据库服务器等，并在客户机上安装 Intranet 客户端软件即可。当 Intranet 与 Internet 连接时，网络安全就显得很重要了，采用防火墙安全技术是将 Intranet 与 Internet 可靠分离的一个重要方法。这样，一方面 Intranet 由于采用了 Internet 技术，可获得 Internet 上的信息资源；另一方面，由于采用了防火墙技术，内部网又相对独立、安全，其结构如图 1.3 所示。

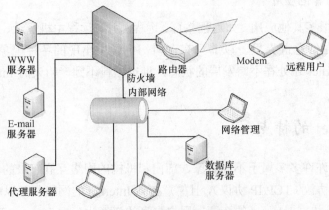

图 1.3　内部网络连接结构

从 Intranet 的构成环境来看，Intranet 主要由网络硬件、网络软件、网络协议和网络应用系统等部分组成。

1. 网络硬件

Intranet 采用局域网技术和广域网技术。局域网采用了以太网、令牌环网、FDDI、ATM 和高速以太网等多种技术；在广域网中则采用了 X.25、帧中继、ATM 和 ISDN 等。其主要构成硬件是路由器、交换设备、集线器等。同时，Intranet 在广域网上可通过虚拟网络的方式来实现。从计算机硬件方面来看，Intranet 主要由各种服务器和用户工作站组成。远程用户可通过拨号进入企业 Intranet。

2. 网络软件

Intranet 的网络软件可分为网络操作系统、数据库管理系统、防火墙软件和各种应用代理服务，如 WWW 服务、E-mail 服务、域名服务、代理服务等。

3. 网络协议

Intranet 中采用 Internet 的 TCP/IP 协议。TCP/IP 协议具有广泛的兼容性和可伸缩性，从局域网到广域网，可连接不同的计算机网络、不同的网络设备。

4. 网络应用系统

为用户提供良好的运行、管理和调度网络资源的环境，提供网络开发平台并制作出各种用户所需的界面。

1.2.2 Intranet 的特点

1. 开放性和可扩展性

由于采用了 Internet 的 TCP/IP、FTP、HTML、Java 等一系列标准，具有良好的开放性，可以支持不同计算机、不同操作系统、不同数据库、不同网络的互联。在这些相异的平台上，各类应用可以相互移植、相互操作，有机地集成为一个整体。在此基础上，应用的规模也可增量式扩展，先从关键的小的应用着手，在小范围内实施取得效益和经验后，再加以推广和扩展。Intranet 的开放性和可扩展性使之成为机构组织级网络的主流选择。对内方面，Intranet 可将机构内部各自封闭的局域网信息孤岛连成一体，实现机构组织级的信息交流、资源共享和业务运作；对外方面，可方便地接入 Internet，使 Intranet 成为全球信息网的成员，实现世界级信息交流和电子商务。

2. 通用性

Intranet 的通用性表现在它的多媒体集成和多应用集成两个方面。在 Intranet 上，用户可以利用图、文、声、像等各类信息，实现机构组织所需的各种业务管理和信息交流。Intranet 从客户端、应用逻辑和信息存储 3 个层次上支持多媒体集成。在客户端，Web 浏览器允许在一个程序里展现文本、声音、图像、视频等多媒体信息；在应用逻辑层，Java 提供交互的、三维的虚拟现实界面；在信息存储层，面向对象数据库为多媒体的存储和管理提供了有效的手段。利用 TCP/IP、Web、Java 和分布式面向对象等开放性技术，Intranet 能支持不同内容应用在不同平台上的集成，这些应用可运行在同一机构组织的不同部门，也可运行在不同机构组织之间。

3. 简易性和经济性

HTML 和 Java 等较容易掌握和使用，使开发周期缩短。另外，Intranet 的可扩展性不仅支持新系统的增量式构造，从而降低开发风险，而且支持与现存系统的接口和平滑过渡，可充分利用已有资源。超文本的界面统一标准，操作简易友善，超链接使用户只要简单地操纵鼠标就可浏览和存取所需的信息，从而使对用户的培训大大简化。

4. 安全性

Intranet 的安全性是它区别于 Internet 的最大特征之一。Intranet 的实现基于 Internet 技术，两个地理位置不同的部门或子机构也能利用 Internet 相互连接。由于 Intranet 通常主要限于内部使用，所以在与 Internet 互联时，必须加密数据，设置防火墙，控制职员随意接入Internet，以防止内部数据泄密、被篡改和黑客入侵。

1.2.3 Intranet 存在的问题

虽然 Intranet 具有传统 MIS 系统和 LAN 无可比拟的优点，但由于 Intranet 的发展仍处于初级阶段，不少方面尚未成熟，其存在的问题主要表现在以下几个方面：

（1）规划不足的问题。由于 Intranet 的简易性和经济性，诱使各类机构和企业在无缜密规划的情况下纷纷仓促上马，导致网络存在失控风险。为避免混乱，实施 Intranet 前应该根据本机构的特点和现状进行统一规划，并制定相应的详细实施步骤。

（2）安全风险问题。只要有接入 Internet 的可能，Intranet 的风险总是存在的。但是，如果能谨慎地设计安全系统，并充分利用如防火墙、公有密钥和私有密钥等成熟的安全性技术，风险是可以大大降低的。

（3）信息管理的重视问题。Intranet 的优点之一是其信息可以让机构内的所有成员共享，但由此也引发了越权访问、信息泄漏及垃圾数据上网的问题。为此，必须加强对信息管理的重视。

（4）开发方法和策略缺少问题。目前尚无成熟的方法和策略可用于 Intranet 的规划、设计和实施，大多开发工作只能借助于旧的方法和策略，这样不利于系统开发的质量和效益。

1.2.4 Extranet 技术

1. Extranet 的基本概念

Extranet 是一个使用 Internet/Intranet 技术使企业与其客户、其他企业相连来完成其共同目标的合作网络。它通过对存取权限的控制，允许合法使用者存取远程公司的内部网络资源，达到企业与企业间资源共享的目的。

Extranet 将利用 WWW 技术构建的信息系统的应用范围扩大到特定的外部企业。企业通过向一些主要贸易伙伴添加外部连接来扩充 Intranet，从而形成外联网。这些贸易伙伴包括用户、销售商、合作伙伴或相关企业，甚至政府管理部门。Extranet 可以作为公用的 Internet 和专用的 Intranet 之间的桥梁，也可以被看作是一个能被企业成员访问或与其他企业合作的内联网 Intranet 的一部分。

2. Extranet 的作用

☑ 使用现有的技术投资，降低建设成本。

☑ 创造上、中、下游公司信息资源共享的虚拟企业，缩短前置时间，提供良好的上下游关系。

☑ 改进核心营运，快速回应消费者的需求，提升消费者的满意度。

☑ 提高沟通效率，节省时间成本。

☑ 资源重新分配与整合，降低成本。

☑ 改善工作流程，降低操作成本，提高生产力与产品质量。

3. Extranet 的分类

（1）按网络类型可以分为以下几类。

☑ 公共网络外部网：公共网络外部网是指一个组织允许公众通过任何公共网络（如 Internet）访问该组织的 Intranet，或两个甚至更多的企业同意用公共网络把它们的 Intranet 连在一起。

☑ 专用网络：专用网络是两个企业间的专线连接，这种连接是两个企业的 Intranet 之间的物理连接。专线是两点之间永久的专用线路连接，除非出现物理故障，否则它是一直连通的。

☑ 虚拟专用网络外部网：虚拟专用网络外部网是一种特殊的网络，它采用一种叫做 "通道"或"数据封装"的系统，用公共网络及其协议向贸易伙伴、顾客、供应商和雇员发送敏感的数据。

（2）按应用模式可以分为以下几类。

☑ 安全的 Intranet 模式：这种方式允许厂商、顾客经由 Internet 或拨号方式进入公司的内部网络，存取公司内部网络资源，实现企业对企业，或企业对顾客间的资源共享。如企业联盟厂商可通过该公司的 Intranet，使用该公司所提供的群组软件等，如图 1.4 所示。

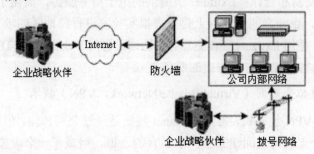

图 1.4　安全的 Intranet 模式

☑ 特定 Extranet 应用模式：顾名思义，它是专门针对某特定厂商或顾客所设计的 Extranet 应用模式。在此模式下，公司内部员工可通过 Intranet 存取网络资源，而企业伙伴或客户则可通过 Extranet 有限制地存取网络资源。如供应商可通过 Extranet 在线使用厂商的报价系统，提供原料的报价等，如图 1.5 所示。

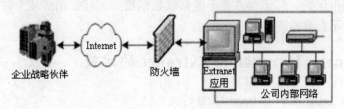

图 1.5　特定的 Extranet 应用模式

☑ 电子商务 Extranet 应用模式：主要是使用电子商务技术来提供各类企业战略伙伴网络服务。也就是说，公司的业务伙伴可通过网络连线，取得公司所提供的网络服务，其中包括公司内部数据库查询等。电子商务 Extranet 应用模式一般适用于处理交易的作业程序，如图 1.6 所示。

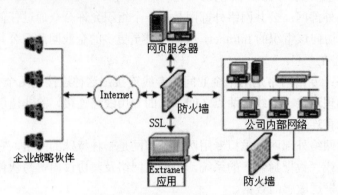

图 1.6　电子商务 Extranet 应用模式

4．Extranet 提供的服务

（1）企业间发布和获取信息：Extranet 可定期将企业最新的信息，包括多媒体信息，以各种形式发布到世界各地，取代了原有的文本复制和昂贵的专递分发。

（2）企业间的交易和合作：Extranet 所提供的电子商务服务，简化了各项商业合作的流程。通过 Extranet，企业之间可在网上建立虚拟实验室进行跨地区的项目合作。

（3）客户服务：使用 Extranet 可以更加容易地通过访问 Web 站点、FTP、Telnet、E-mail、桌面帮助等方式，向客户提供方便快捷的服务。

5．Extranet 的虚拟专用网（Virtual Private Network，VPN）技术

Extranet 采用了 VPN 加密机，虽然 Extranet 数据是通过公网传输，但由于 VPN 加密机的作用，使总部和分支机构之间建立了一条私有的通道，组成了一个虚拟的私有网，所有数据通过这个虚拟私有网传输，保护数据不受外界的攻击。

采用 VPN 加密机，能解决以下问题：

☑　数据源身份认证。证实数据报文是所声称的发送者发出的。

☑　保证数据完整性。

☑　数据加密。隐藏明文数据。

☑　重放攻击保护。保证攻击者不能截取数据报文，且在稍后某个时间再次发放数据报文也不会被检测到。

1.2.5　Internet、Intranet 和 Extranet 的比较

1．Internet、Intranet 和 Extranet 三者的关系

Intranet 是利用 Internet 各项技术建立起来的企业内部信息网络，与 Internet 相同，Intranet 的核心是 Web 服务，Extranet 是利用 Internet 将多个 Intranet 连接起来。Internet、Intranet 和 Extranet 之间的关系如图 1.7 所示。

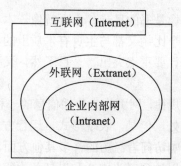

图 1.7 Internet、Intranet 和 Extranet 三者的关系

2. Internet、Intranet 和 Extranet 三者的区别

它们三者的区别如表 1.1 所示。

表 1.1 Internet、Intranet 和 Extranet 三者的区别

	Internet	Intranet	Extranet
参与人员	一般大众	公司内部员工	公司内部员工、顾客、战略联盟厂商
存取模式	自由	授权	授权
可用带宽	少	多	中等
隐私性	低	高	中等
安全性需求	高	较低	较高

具体地说，Internet、Intranet 和 Extranet 三者的区别如下：

☑ Extranet 是在 Internet 和 Intranet 基础设施上的逻辑覆盖。

☑ Extranet 主要通过访问控制和路由表逻辑连接两个或多个已经存在的 Intranet，使它们之间可以方便、安全地通信。

☑ Extranet 可以看作是利用 Internet 将多个 Intranet 连接起来的一个大的网络系统。

☑ Internet 强调网络之间的互联，Intranet 是企业内部之间的互联，而 Extranet 则是把多个企业互联起来。若将 Internet 称为开放的网络，Intranet 称为专用封闭的网络，那么，Extranet 则是一种受控的外联网络。Extranet 通过 Internet 技术互联企业的供应商、合作伙伴、相关企业及客户，促进彼此之间的联系与交流。

1.3 网站体系结构和网站工作过程

1.3.1 基本概念

1. 主页

在任何 Web 站点上，主页是最重要的页面，会有比其他页面更大的访问量。有很多形象的比喻可以说明主页的作用：主页是杂志的封面、主页是对外的脸面、主页是一件艺术品、主页就像是门厅、主页就像是书的目录、主页就像一本小册子。上述比喻都在一定程度上反映了主页的特点，但每个比喻又都与主页有本质上的不同。主页的目的是多样的，访问者的目的也是多样的。设计要重点突出、一目了然，又要充分理解访问者的目的，这都是设计主页的关键。

网页设计有其自身的特殊规律，网页作为传播信息的一种载体，同其他出版物如报纸、杂志等在设计上有许多共同之处，但是，表现形式、运行方式和社会功能都有所不同。一个网站的主页如何设计还会影响访问者经历的许多其他方面，如商标的认可度、组织印象、审美和信任度，成功的网站要以访问者为中心和以任务为驱动来设计。一般来说，访问者在第一次访问你的主页前，早已看过非常多的主页，这时访问者早已在心中积累了一般主页应该怎样工作的模型。所以主页设计不仅要掌握网页版式编排的技巧与方法，还必须遵循一些设计的基本原则。

2．超链接

超链接（HyperLink）是 WWW 的神经系统，也是向导，把浏览者从一个网页带到另一个网页，或者从网页的某一部分引领到另一部分。超链接是用特殊的文本或图像来实现链接的，单击它就可以实现链接功能。

3．超文本

超文本（HyperText）是一种新的文件形式，指一个文件的内容可以无限地与相关资料链接。超文本是自然语言文本与计算机交互、转移和动态显示等能力的结合，超文本系统允许用户任意构造链接，通过 HyperLink 来实现。

4．超文本标记语言

超文本标记语言（HyperText Markup Language，HTML）是制作编写网页、包含超链接的超文件的标准语言，它由文本和标记组成。超文本文件的扩展名一般为.html 或.htm。

1.3.2 网站规划

一个网站的成功与否与建设前的网站规划有着极为重要的关系。在建立网站前应明确建设网站的目的，确定网站的功能，确定网站规模、投入费用，进行必要的市场分析等。只有详细的规划，才能避免在网站建设中出现问题，使网站建设能顺利进行。

1．网站定位

网站定位如同企业、产品一样，就是确定网站的特征、特定的使用场合及其特殊的使用群体和其带来的利益，即网站在网络上的特殊位置，它的核心概念、目标用户群、核心作用等。新竞争力认为网站定位营销的实质是对用户、市场、产品、价格以及广告诉求的重新细分与定位，预设网站在用户心中的形象地位。网站定位的核心在于寻找或打造网站的核心差异点，然后以这个差异点为基础在消费者的心智模式中树立一个品牌形象、一个差异化概念。

网站定位就是网站在 Internet 上扮演什么角色，要向目标群（浏览者）传达什么样的核心概念，透过网站发挥什么样的作用。因此，网站定位相当关键，换句话说，网站定位是网站建设的策略，而网站架构、内容、表现等都围绕网站定位展开。简而言之，网站定位就是明确网站是做什么用的。

网站定位的注意事项如下：

（1）网站一定要为网民提供有价值的服务，最好是提供独特性的服务。

（2）不要盲目追随。"某某网站做的太好了，非常盈利，如果我们也做一个应该也会很好吧。"如果你正在这样考虑问题，可能会陷入危险的状态。

（3）避免定位模糊，内容纷杂。许多网站的运营者为了提高人气量，不断增加栏目内容，以至于天文地理无所不包。更有精通搜索引擎的同行，可以把网站的流量炒作的沸沸扬扬。然而，如果网站没有核心内容或核心内容不够强大，是很难留住用户的，沸沸扬扬往往也只是昙花一现而已。

网站定位就是决定网站的方向，方向错误可能产生巨大成本，如求大求全的例子，可想而知，要维护这样一个大网站所需要的编辑人员、信息资源、技术支持、推广和营销等，因为涉及行业、地区较多，如果网站做到位，就一定需要组织某个行业的专业队伍来维护。方向错误的更大成本是人力、财力、物力的无效运行，即使付出了很多，却难以获得回报。

2. 网站形象

网站形象是指能引起人们思想和情感活动的可视化的网站符号或象征物，刻画的是网站的灵魂、主题与基调，是通过视觉来统一网站的形象。一个杰出的网站和实体公司一样，需要整体的形象包装和设计。

3. 网站开发方法

常用的网站开发方法分为自上而下和自下而上的开发方法。

☑　自上而下：首先定义并设计网站的外观和功能，形成网站的大致轮廓（模板），再递交给用户，根据用户意见修改网站设计，直到满足要求即可。适于中小型、个人网站或类似网站以及客户对需求不明确等情况。缺点是修改次数太多。

☑　自下而上：首先进行详细的需求功能分析，在对网站主题、蓝图有深刻认识的基础上，再设计网站的外观、内容和功能。

在了解了基本的网站规划过程之后，如何构建自己的网站结构呢？网站开发及发布过程如下：

（1）准备工具和材料

拿出"扳手"、"电线"、"螺丝刀"等工具，现在开始制作网页。安装好一种编写 HTML 语言的编辑器，可以利用微软的 Visual Studio 2010，但是也许会有更好的，这里是选择 Visual Studio 2010，其优势为：和 Word 一般的简易操作；支持 Microsoft、Netscape 的全部网页标签，有极好的兼容性；提供多种设计样板、表单向导等傻瓜功能；强大的管理功能可以检查网页链接、查看组织结构、上网传送甚至检查自己的拼写错误；"所见即所得"，设计视图、HTML 源码视图自由切换，当然也可以按自己的爱好选择。有了编程工具就该准备网页素材了，包括文本、图片、动画、MIDI 和 MP3 音乐等准备搬上网的东西。制作这些东西也许要用到做图片的 Photoshop、制作 Image Map 的工具 Map This，中文字库也应该拿出来。

（2）制作网页

制作网页的过程将在以后的章节中说明。

（3）测试网站

网页和链接做好后，测试工作必不可少。网站发布前要进行细致周密的测试，以保证正常浏览和使用。主要测试内容有服务器稳定性、安全性；程序及数据库测试；网页兼容性测试，如浏览器、显示器；根据需要的其他测试。

可以采用 FrontPage 2003 的 FrontPage Web Server（Web 服务器）对网页进行测试，看看链接是否正确，发现问题要及时改正；使用 Visual Studio 开发环境中的测试工具可以轻松实现单元测试、集成测试等，从而检验网站业务逻辑是否满足规定的需求或弄清预期效果与实际效果之间的差别。

（4）上传网页

申请到空间后，带上 FTP 工具上路了！如 CuteFTP、FlashFXP，先在 site manage 添加自己的站点，填写上传主机服务器的地址、用户名、密码即可。开始连接主机，登录用户，打开允许上传的目录，添加要上传的东西。注意，自己的主页名应该是 index.htm、index.html、default.aspx 或 default.jsp，按申请地方的要求来；还有文件名的大小写，UNIX 主机有严格的区分。上传后就可以欣赏自己的作品了。

（5）宣传网页

网页做好了，也上传了。但现在没人知道，怎样宣传主页呢？当然是上聊天室，到处贴帖子，发 E-mail 通知好友，登录搜索引擎，用免费广告，同别人互相交换链接等。

（6）网站维护和更新

要想提高网站的访问量，必须经常更新网页，增加网页内容，并弥补网站存在的缺陷。网站维护和更新的主要内容包括：对服务器及相关软硬件的维护，对可能出现的问题进行评估，制定响应时间；数据库维护，有效地利用数据是网站维护的重要内容，因此对网站数据库的维护要受到重视；内容的更新、调整等；制定相关网站维护的规定，将网站维护制度化、规范化。

1.3.3 网站设计的注意事项

在做网站设计时有一个良好的站点导航将给用户的访问带来很大的方便，在制作的过程中如何制作站点的导航呢？接下来看看在设计站点导航的过程中应该注意的几点内容。

1. 当导航按钮链接到自身所在网页时

各网页若重复使用同一组导航按钮，不可避免地会产生某一导航按钮链接到自身所在网页的情形。为达成界面设计的一致，没必要去掉此导航按钮，但网页设计者可让此导航按钮不再具有超链接的功能，同时将此按钮的彩度、亮度降低（如深绿色变成淡绿色，亮红色变成暗红色），使读者可清楚地意识到这个暗色的导航按钮不再具有超链接的功能。

2. 不要在一篇短文里提供太多的超链接

适当、有效地使用超链接是一个优良的导航系统不可或缺的要件之一。但滥用超链接，造成短短的一篇文章里处处是链接，反而损害了网页行文的流畅性。在充斥着超链接的短文里，很可能其中不少是无意义、没必要的链接。例如，链接到一页只有两三行注解的页面、链接到一页只放了"施工中"的招牌的页面。在一篇长短适中的网页里（三四个屏幕页面），文章里提供的文字式超链接最好不要超过 10 个，以使全页行文能够顺畅，而读者也不至于看着一大堆超链接，反而不知从何单击才好。况且，连续、肩并肩地出现两三个文字式超链接，很容易被误认为一个长度较长的超链接，于是被读者忽略掉，便也失去了这些超链接的原本功能。如果真有那么多的超链接必须提供给读者，不如将这些超链接以条列的方式，一笔一笔清楚地列在一选单页或目录页上，既不妨碍行文的顺畅，又呈现一目了然的导航链接。

3. 让超链接的字串长短适中且行文自然

抓住能传达主要信息的字眼作为超链接的锚点（anchor），可有效地控制住超链接的字串长度，避免字串过长（如整行、整句都是锚点字串）或过短（如仅一个字作为锚点），而不利于读者的阅读或点取。

4. 注意超链接颜色与单纯叙述文字的颜色呈现

WWW 的语言——HTML 允许网站设计者特别标明单纯叙述文字与超链接的用色，以便丰富网页的色彩呈现。如果自己的网站充满知识性的信息，欲传达给访问者，建议将网页内的文字与超链接用色设计成较干净素雅的色调，会较有利于阅读；纯粹的叙述文字采用较暗、较深的颜色来呈现（如黑色、墨绿色、褐色），超链接文字则以较鲜明抢眼的色彩来强调（如黄色、绿色、橘色），至于探访过的超链接则采用稍低于原超链接亮度的颜色呈现。

5. 分析、说明自己提供的 bookmarks（书签）或 coollinks（冷链）

常常看到热心的网站设计者条列了精心收集的 bookmarks 或 coollinks，以分享读者个人遨游 WWW 的经验。但多数网页设计者就只提供一大串链接，并不分门别类，也不加以分析、说明为什么这个链接好，值得推荐，那个链接的主要内容精彩之处又在哪儿。

提供 bookmarks 或 coollinks 是一大善举，但未加以分析、说明，就变得功亏一篑。多花几分钟，将提供的 bookmarks 或 coollinks 稍加分类、注解，可提供给读者清晰的概念与无限的方便，也使自己的站点的导航系统更加周全完善。未加以说明、注解的 coollinks，其实一点也不 cool。老实说，任何人都可以到雅虎轻易地找到成百上千的链接。若未对这些推荐的链接加以个人独特的评论、介绍，读者又何必到你的站点去搜索呢？任何一个分类索引或搜索引擎都绝对比自己条列的链接还要更完备齐全。

6. 在具有前后顺序的文件里提供必要的链接

将篇幅过长的文件分隔成数篇较小的文件时可以大大增加界面的亲和性，但在导航按钮与超链接的配置上，网页设计者则要更细心周全地安排，使读者不论身处网站的哪一层，都能够快速便捷地通往其他任何一个页面。

（1）提供"上一页"、"下一页"、"回子目录页"与"回首页"的导航按钮或超链接在一系列具有前后顺序的文件里，每页网页都至少应提供"上一页"、"下一页"、"回子目录页"与"回首页"的导航按钮或超链接，可使读者能够立即得知自己所在的页面是属于一份较大文件内的一小部分（考虑、体贴一下某读者不是从自己的 Home Page 顺序链接至此页，而是依循其他网站的某个链接跳跃链接至此）。并且可以借这些链接随时参考链接"上一页"、"下一页"与本页的连贯内容。直接单击"回子目录页"链接查寻其他相关的标题或直接跳跃至 Home Page，浏览其他不同项目的信息。

（2）简明扼要地标明此页、上一页与下一页文件的标题或内容梗概。在一系列具有前后顺序的文件里，每页网页都应加上一个具有说明性的标题，使读者一目了然，抓住重点。而完善的导航系统除了提供"上一页"、"下一页"等导航按钮或超链接外，还需要添加上一页与下一页简明标题、内容提要，使读者即使尚未单击这些网页的超链接时，亦能先大概了解自己将链接到什么样的网页。

（3）提醒读者某一系列文件已到尽头。当读者已达某一系列文件的最后一页时，网页设计者应提供一小段告示提醒读者，同时不再提供"下一页"的导航按钮或超链接。但基于网页界面设计的一致性，或许有些网页设计者并不希望在同一系列的最后一张网页里忽然少了一个先前每页都有的"下一页"导航按钮（尤其是精心设计过的图形化导航按钮）。为达成此目的，可考虑将最后一页的"下一页"导航按钮颜色暗下来，且不赋予超链接的功能，并提供一小段告示提醒读者，此系列文件已到尽头，不再有"下一页"的内容。

7. 在较长的网页内提供目录表与大标题

理想的网页长度以不超过三四个屏幕页面为佳。但是如果基于某些特殊理由，自己的网页一定要做得很长，那么不要忘了在此长篇的网页最上面，提供一个目录表，网页的内容也标上大小标题，以利于清楚阅读。尤其重要的是，在这些标题与目录表的 HTML 目录里分别设置锚点与链接到锚点，以使网页真正发扬 WWW 的高互动性、高便捷性功能。

8. 暂时不提供超链接到尚未完成的网页

超链接或导航按钮应该引导读者到一篇真正"有料"的网页，而不是以"挂羊头卖狗肉"的方式，事先将某一超链接描述得超级精彩、超级诱人，结果读者兴致勃勃地链接过去，却根本看不到任何精彩、诱人的内容，唯一所见的，只是一张无聊的告示牌"施工中"。

如果急欲在网络上推出自己的站点、展现自己 Home Page 主页，但仍有少数几页网页尚未完成，建议先暂时别让这些"施工中"的网页正式露面，等到"几乎"完工之后（网页永远没有"真正"完工之时，总是需要不断地修改、增添、翻新），再正式开放链接也不迟。

倘若急欲告诉读者，自己即将提供一页超级精彩、超级诱人的网页在此站点，只是目前仍在努力赶工中，可直接摆一段告示在即将是"超链接"的文字旁（但目前仍不具超链接的功能）。明白昭告世人，以节省读者时间，也免得读者满怀希望，却又失望而归。

9. 测试所有的超链接与导航按钮的真实可行性

网页上线之后，第一件该做的事，是逐一测试每一页的每一个超链接与每一个导航按钮的真实可行性。彻底检验有没有失败的超链接，即无法链接到该链接的网页，却弹出 FileNotFound 提示信息来。这是一个负责任、够水准的网页设计者对自己的作品应有的基本品质要求。

10. 注意图片分辨率

尽量降低图片文件大小、增加实用性和提高图片分辨率之间是对立的。目前，拨号上网的用户数量已经逐年减少，可接受的图片尺寸也越来越大。不过这并不意味着可以不用再注意图片尺寸和分辨率的关系。如果可能，在不同的显示器预览处理过的图片，要注意不要失真。

11. 注意网站组织清晰

有时按照常规的设计规则，到最后有些东西还是视觉欠佳，如图 1.8 所示，尽管尝试使用了基于排列的组织，看起来还是那么凌乱。

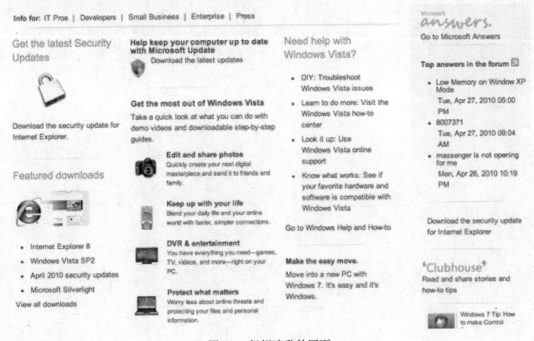

图 1.8　组织凌乱的网页

那么问题在哪里呢？简单地说，在一个相对狭小的空间里要放一大堆东西，即使已经试图对内容排版，还通过图标增强视觉可读性，最终结果仍然是相当失衡。

仔细看看，会发现这个页面的 4 个栏目似乎是由 4 个不同的人来设计的，只是把它们堆积在一起。左边的图片相对于右边看起来有些沉重，文字颜色有点断断续续，内容是笨拙交错，各列之间缺乏足够的空白喘息空间，难以看出它们的版面独立性。

这里得到的教训是在包装页面的栏目信息时，内容信息不要过于庞杂。毫无疑问，很多情况下都会要求增加更多的内容，但应注意风格统一。

12. 注意留有空白的喘息空间

在印刷设计中，设计师在每一页都安排了"生息区"，通常的做法是在页面边缘加入矩形区域，定义出放置内容的安全范围，避免页面太挤边或页面拥挤。同样，在网页中也要注意留有空白的喘息空间。

第2章　网站开发基础

2.1　Web开发技术概述

ASP.NET的前身是ASP，ASP曾以简单的语法及灵活地嵌入HTML的编辑方法，在很短的时间内成为当时Web技术的领头羊。但是，随着PHP和JSP等技术的出现，ASP的主导地位受到了严峻的挑战。ASP的推出者是在操作系统上占有垄断地位的微软公司，而JSP是微软公司的对手Sun公司出品的。同时，JSP在执行效率及安全性等方面已经完全超越了ASP，此外它更有着ASP所无法比拟的跨平台性，这使得JSP在Windows、UNIX和Linux主机上均能使用。JSP的诞生，使越来越多的程序员选择了能够跨平台使用的JSP，从而导致ASP面临着前所未有的危机。面对这种情况，微软公司开发新的更能适合自己操作系统的Web技术已成必然。由此，微软公司提出了.NET的构想，并于不久推出了ASP.NET。

ASP.NET是一种建立在通用语言上的程序构架，能被用于一台Web服务器来建立强大的Web应用程序。ASP.NET带来了许多比现在的Web开发模式强大的优势。ASP.NET是基于公共语言运行时（Common Language Runtime，CLR）的程序开发架构，具有很好的适应性，可以运行在Web应用软件开发者的几乎全部的平台上。公共语言的基本库、消息机制、数据接口的处理都能无缝地整合到ASP.NET的Web应用中。ASP.NET同时也是language-independent（语言独立化）的，可以选择一种最适合开发者的语言来编写网站程序，或者把程序用很多种语言来写，现在已经支持的有C#、VB、JScript、C++、F++等。将来，这样的多种程序语言协同工作的能力将保护现在的基于COM+开发的程序，能够完整的移植向ASP.NET中。开发人员可以使用这个开发环境来开发更加模块化，并且功能更为强大的Web应用程序。

ASP.NET所独具的一些特点如下。

（1）执行效率高

ASP.NET是把基于公共语言的程序在服务器上运行。不像以前的ASP即时解释程序，而是将程序在服务器端首次运行时进行编译，大大提高了页面的执行效率。同时，ASP.NET还可充分利用数据绑定、即时编译、本地优化及缓冲服务等功能来提高程序的性能。

（2）强大的功能和适应性

因为ASP.NET是建立在CLR基础上的，所以其整个平台的功能和实用性更加适合网络应用程序的开发。CLR的类库、消息机制和数据接口的处理等都能无缝地整合到ASP.NET的Web应用中。

（3）强大的开发环境

ASP.NET架构是可以用微软公司最新的产品Visual Studio开发环境进行开发的，具有

"所见即所得"的编辑功能。同时，还包括丰富的工具箱和设计器，并支持控件的拖放及动态的配置管理，从而使 ASP.NET 应用程序的开发如同传统应用程序的开发一样更为便捷和迅速。

（4）简单性和易学性

通过 ASP.NET 可执行一些很平常的任务变得非常简单，如表单的提交、客户端的身份验证、分布系统和网站配置等。ASP.NET 架构运行建立独立的用户接口，这样就能够把代码和程序结构分离。另外，CLR 的使用将代码结合成软件变得就像装配电脑一样简单。

（5）高效可管理性

ASP.NET 使用一种基于文本格式且分级的配置系统，使应用服务器环境和 Web 应用程序的设置更加简单。一个 ASP.NET 的应用程序在一台服务器系统的安装只需要简单复制一些必需的文件，不需要系统的重新启动。

（6）多处理器环境的可靠性

ASP.NET 是一种可以用于多处理器的开发工具，它在多处理器的环境下用特殊的无缝连接技术，极大地提高运行效率。即使现在的 ASP.NET 应用软件是为一个处理器开发的，将来多处理器运行时不需要任何改变都能提高它们的效能，但现在的 ASP 却做不到这一点。

（7）自定义性和可扩展性

ASP.NET 设计时考虑了让网站开发人员可以在自己的代码中自己定义 plug-in 的模块。这与原来的包含关系不同，ASP.NET 可以加入自己定义的任何组件。网站程序的开发从来没有这么简单过。

（8）安全性

在安全方面 ASP.NET 新增了不少功能，以确保实现 ASP.NET 应用程序的安全性变得比以前更加容易。首先，ASP.NET 提供了一组登录控件，其中包含了经常要用到的用户注册、登录、忘记密码，以及登录后根据权限的不同而显示不同的页面等功能。通过登录控件，开发人员可以生成登录页、注册页或密码恢复页而无须编写任何代码。其次，ASP.NET 中提供了一组 membership 类，其中包含用于处理身份验证和授权的功能，能够同时满足 Web 站点管理员和开发人员的需求。基于 Windows 认证技术和应用程序配置，也可以保证 Web 应用程序的安全性。

任何一种语言必定有其所依赖的环境，ASP.NET 也不例外。与 ASP 一样，ASP.NET 是一种基于 Web 的服务器端技术，因此 IIS 的支持是必不可少的。此外，ASP.NET 是基于.NET 框架平台的，所以.NET 框架的安装也是必需的。运行 ASP.NET 所需要的硬件和软件如表 2.1 所示。

表 2.1　ASP.NET 运行所需软、硬件环境

硬 件 要 求	
服务器端	CPU 为 Pentium 133MHz 或更高，内存为 128MB 或更高
客户端	CPU 为 Pentium 90MHz 或更高，内存为 64MB 或更高

续表

软件要求		
	操作系统	附加软件
服务器端	Windows 2000 Professional Windows 2000 Server Windows 2000 Advanced Server Windows XP Professional Windows 2003 Server Windows Server 2008	Internet Information Service（IIS） Microsoft 数据访问组件（MDAC） Internet Explorer 5 及以上版本 .NET Framework 2.0 及以上版本
客户端	Windows 98 及以上版本	Microsoft 数据访问组件（MDAC） Internet Explorer 5 及以上版本

2.2　ASP.NET 的安装及设置

2.2.1　.NET 框架的安装

1．.NET 概述

.NET 是微软开发的新一代平台，它用来开发建立在高度分布式 Internet 环境中的应用程序，使开发人员可以在原有技术的基础上轻易地创建并部署具有高安全性、高稳定性及高扩展性的 Web 应用程序。

.NET 具有两个主要组件，即 CLR 和.NET 框架基础类库。

CLR 是.NET 框架最基本的运行环境，负责运行并维护用户所编写的所有代码。过去使用高级语言（VB 或 C++）所编写的程序往往需要将其编译成计算机所能理解的语言后才能执行。不同的语言在不同的计算机上常常会出现不兼容的问题，往往需要对其进行重新编译后才能执行。CLR 为多种语言提供了一种统一的编程环境，采用 CLR 支持的编程语言编写的源代码在经过编译后，将生成一种称为 MSIL（Microsoft Intermediate Language，微软中间语言）的语言，而不是某种计算机代码，并对程序进行与计算机相匹配的优化，以便程序可以在所在的计算机上尽可能高效地运行。由于 MSIL 语言与计算机无关，因此它可以在任何一个能够运行 CLR 的计算机上运行。由于所有关于计算机的优化都是由 CLR 执行的，所以也就不存在由于计算机不同而产生的不兼容问题。

.NET 框架基础类库是一个综合性的可重用类型集合，它为开发人员提供了一个统一的、真正面向对象的、层次化并可扩展的编程接口。.NET 框架类库是生成.NET 应用程序、组件和控件的基础。

2．.NET Framework 的安装

.NET Framework 是 ASP.NET 必须具备的支持软件，它提供了 ASP.NET 运行的环境和相应的工具。其安装文件可以从微软的网站（http://www.microsoft.com/net/）上免费下载，

本书以.NET Framework 3.5 为例进行讲解,安装过程如下。

(1)双击安装文件,进入 Microsoft .NET Framework 3.5 的安装向导,并显示许可协议,如图 2.1 所示。

(2)选中"我已经阅读并接受许可协议中的条款"单选按钮,单击"安装"按钮开始安装.NET Framework,如图 2.2 所示。

图 2.1　.NET 安装许可协议　　　　　　　　　　图 2.2　安装过程

(3)安装完成后,系统提示安装完成,如图 2.3 所示。

(4)单击"退出"按钮,系统提示需重启计算机才能完成安装,单击"立即重新启动"按钮,使.NET Framework 生效,如图 2.4 所示。

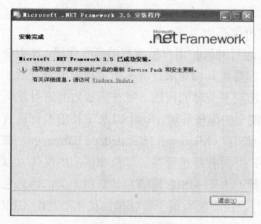

图 2.3　完成安装　　　　　　　　　　　　　　图 2.4　系统重启

2.2.2　IIS 的安装配置

1. IIS 6.0 概述

IIS 6.0 在 Windows 2003 服务器的 4 种版本——企业版、标准版、数据中心版和 Web 版中都有,它不能运行在 Windows XP、Windows 2000 或 Windows NT 上。除了本文开头介绍的 Windows 2003 Web 版本以外,Windows 2003 的其余版本默认都不安装 IIS。

IIS 6.0 跟以前 IIS 版本的差异也可谓很大，比较显著的就是它提供 POP3 服务和 POP3 服务 Web 管理器支持。另外，在 Windows 2003 下的 IIS 安装可以有 3 种方式：传统的"添加或删除程序"的"添加/删除 Windows 组件"方式、利用"管理你的服务器"向导和采用无人值守的智能安装。

2．IIS 6.0 安装过程

可以采用熟悉的在"控制面板"窗口中安装的方式进行，感觉此种方式比在"管理你的服务器"窗口中安装要灵活一些。在"控制面板"窗口中单击"添加或删除程序"→"添加/删除 Windows 组件"图标；双击"Internet 信息服务"图标，选中"万维网服务"复选框（此选项下还可进一步作选项筛选，可根据自己需要选用，如图 2.5 所示），单击"确定"按钮即安装完成。

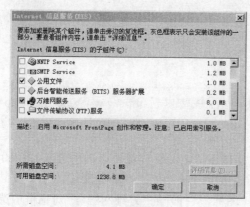

图 2.5　IIS 组件

2.2.3　配置 IIS 6.0

 说明

> 本文所述配置重在一些注意事项或重要设置方面，即与以前 IIS 版本的比较进行设置；而对于具体配置一个完整的 WWW 服务流程不在重点关注之内，大家可以参阅相关文章。

（1）同其他 Windows 平台一样，此时默认 Web 站点已经启动了。但请注意，IIS 6.0 最初安装完成时只支持静态内容（即不能正常显示基于 ASP.NET 的网页内容）。可见首先要做的就是打开其动态内容支持功能。选择"开始"→"程序"→"管理工具"→"Internet 信息服务管理器"命令，在打开的"Internet 信息服务（IIS）管理器"窗口左边选择"Web 服务扩展"选项，然后再单击 ASP.NET v.*** 及 Active Server Pages 项即可。图 2.6 给出了 Web 服务扩展界面。

（2）实现 WAP 应用。WAP 是 Wireless Application Protocol 的简称，即无线应用协议。同时也是一个开放的全球标准，可以使使用移动电话和其他无线终端的用户快速安全地获取互联网及企业内部网的信息及其他通信服务。打开网站属性窗口的"HTTP 头"选项卡，单击右下角的"MIME 类型"按钮后打开如图 2.7 所示的对话框，通过"新建"按钮即可注册 MIME 类型。

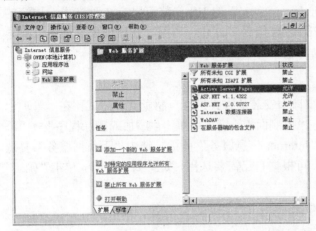

图 2.6　Web 服务扩展　　　　　　图 2.7　WAP 扩展类型的添加

 注意

如果 IIS 暂时还不支持 WAP，可以到 http://www.gmcc.net/wap/m3stp06.zip 下载 WAP 浏览器并安装即可。

（3）远程维护 Web 接口支持。即管理员可以远程进入 IIS 6.0 Web 接口的管理页面，这在管理维护方面是非常重要的一项功能。在前面所述的 IIS 安装步骤中选中"万维网服务"时，双击"万维网服务"图标，从打开的"万维网服务"对话框中选中"远程管理（HTML）"复选框即可（要安装"远程管理"组件，Windows 2003 主分区必须是 NTFS）。安装好之后即可在浏览器地址栏中输入"https://服务器名称或 IP 地址:8098"来访问 IIS 6.0 的 Web 接口管理页面，进一步进行诸如创建、编辑、删除服务器上的用户和组名单等操作。

除此之外，关于对网站的具体设置，如身份验证和访问控制、启用网站内容过期控制、设定主目录路径及给予用户的访问权限等配置，由于以前在 Windows XP 环境下的 IIS 详细配置资料已很齐全，故没有详述，请大家查阅相关资料。

2.2.4　相关设置问题解决

虽然采用 IIS 6.0 配置 Web 服务同样简单，可还是会或多或少地出现问题。以下是两个常见问题的搜集总结。

1. 现象——HTTP 错误 404-文件或目录未找到

分析解决：此类问题十分常见。原因是在 IIS 6.0 中新增了"Web 程序扩展"这一项，而其中很多服务默认都是禁止的，本文前面也提到过。直接在"Web 程序扩展"里启用 Active Server Pages 即可。

2. 现象——HTTP 错误 401.2-未经授权：访问由于服务器配置被拒绝

分析解决：造成此类问题的原因应该是身份验证设置的问题，一般将其设置为匿名身份认证即可，这是大多数站点使用的认证方法。

2.3　PHP 和 JSP 设置

PHP 的执行效率是有目共睹的，与称为绝妙搭档的 MySQL 及 Apache 相融合，不能不让人惊叹其效率了。PHP 更新也很快，这里列举了目前最新版本 PHP 4.3.2 RC4 和最新版本的 MySQL 4.0.13 的安装过程。

PHP 的安装文件可以直接到 http://www.php.net/下载，获得 for win32 的.zip 包（5.8MB）。

MySQL 的安装文件可以直接到 http://www.mysql.com 下载，获得 for win32 的.zip 包。

另外如果想体验 Apache 和 PHP 的配合效果而要放弃 IIS，请到 http://www.apache.org 下载最新的 for win32 的.MSI 安装包，目前最新版本是 2.0.45。

另外，可以下载 Zend Optimizer 来对 PHP 进行加速，具体可以访问 http://www.zend.com。

2.3.1　安装配置 PHP

（1）解压缩 PHP 压缩包到 C:\PHP（这个路径可以随意设置，不过以下要是用到这个路径，用户可根据需要相应地修改）。

（2）复制 C:\PHP 目录下的 php4ts.dll 及 C:\PHP\dlls 目录下的所有文件到 Windows 的系统文件夹里，文件夹视 Windows 版本的不同而不同。

如果是 Windows 9x/Me 则为 C:\windows\system；如果是 Windows NT/2000 则为 C:\winnt\system32；如果是 Windows XP/Server 2003 则为 C:\windows\system32。

其中 C:\为现在所使用的操作系统的系统盘，如果目前操作系统不是安装在 C:\windows 下，则做出相应修改。

复制 php.ini-dist 到 C:\windows\（XP/2003/9x/Me）或 C:\winnt\（2000/NT）下，并将其改名为 php.ini。用记事本打开，修改以下信息。

搜索 extension_dir = ./ 这行，并将其路径指到自己的 PHP 目录下的 extensions 目录，如 extension_dir = C:\PHP\extensions。

如若想支持更多模块，请接下去做；如果不想，直接保存 php.ini 文件即可。

PHP 所支持的模块很多，但有些 dll 不是免费的，所以没有随 PHP 的压缩包一起发布，不过 dlls 文件夹里带的就非常多了，刚才已经把它们复制到 system32 文件夹下，现在测试看它支持多少模块。以下是测试的结果，仅供参考：

Windows Extensions

Note that MySQL and ODBC support is now built in，so no dll is needed for it.

如果安装完毕后，弹出不支持 xxx.dll 模块的话，直接将前面分号加上去即可。修改完成后，保存 php.ini，到此完成 PHP 的安装和配置。

2.3.2 MySQL 的安装

　　MySQL 相对来说是比较独立的，这个数据库很小，不像 Access 或者 SQL 2000 一样可以直接操作，不过目前已经有很多软件可以很好地操作它，如 PHPMyAdmin、mysqlcc。这些软件可以到 http://www.mysql.com 下载获得。

　　下载获得 MySQL 的 for win32 安装包后，用 WinZip 打开，直接运行 setup.exe，需要注意的是选择一个安装路径。当然，安装路径可以任意，不过建议将它和 PHP 安装在一起，选择 C:\MySQL 目录。安装完成后 MySQL 也就完成了。至于设置用户名和密码，可以使用上面提到的两个软件进行。这里不继续描述，默认的用户名是 root，密码为空。

　　一般装完 MySQL 后会自动启动服务，如果没有启动，请运行 C:\MySQL\bin\mysqld-nt.exe。

　　最后打开 IIS 管理器，右击默认 Web 站点，在弹出的快捷菜单中选择"属性"命令打开相应对话框，在"主目录"选项卡中做如图 2.8 中的设置。

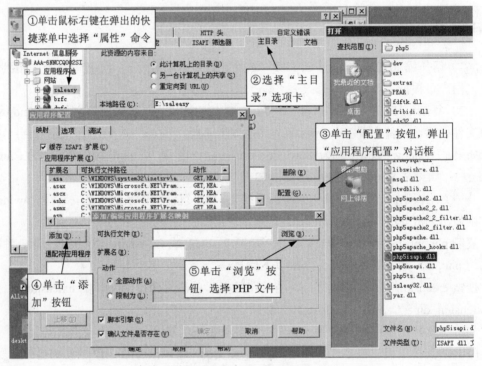

图 2.8　IIS 中加入 PHP 环境

　　完成后，IIS+PHP+MySQL 的环境便建立了。

2.3.3 Apache 的设置

　　如果没有 IIS，那么可以安装 Apache 这个小巧的 Web 服务器，具体步骤如下。

　　下载的 for win32 是一个 MSI 安装文件，直接双击它就会自动执行 Apache 的安装，按照提示安装即可，其中要书写的东西按照自己的喜好填写，没什么影响。关于目录，还是建议和 PHP 的目录一致，选择 C:\目录，这样安装后可以看到 C:\Apache2 了。安装完成后会在桌面右下角系统托盘里显示 Apache 的图标，双击可以打开 Apache 的控制面板，可以停止或者重启服务器。

这里要做的是对 C:\Apache2\conf\httpd.conf 文件进行修改。首先用记事本打开此文件，进行如下修改。

找到#NameVirtualHost，将其修改为 NameVirtualHost 127.0.0.1。

找到<VirtualHost 127.0.0.1>修改为以下内容：

```
ServerAdmin（刚才安装时输入的管理员信箱）
DocumentRoot c:\Apache2\htdocs
ServerName Apache2
ErrorLog c:\Apache2\logs\error_log
CustomLog c:\Apache2\logs\access_log common
</VirtualHost>
```

找到 AddType application/x-tar .tgz，在其下面添加以下两行：

```
AddType application/x-httpd-php .php
AddType image/x-icon .ico
```

找到#LoadModule ssl_module modules/mod_ssl.so，在其下面添加一行：

```
LoadModule php4_module C:\php\sapi\php4apache2.dll
```

增加默认文件。找到 DirectoryIndex 这行，添加默认的文件名 DirectoryIndex index.php default.php index.htm index.html default.htm default.html。

保存该文件，重启 Apache 服务器。到此 PHP 的环境已经完全建立了。

2.3.4　Zend Optimizer 的安装

下载 Zend Optimizer 的安装包，运行安装文件，直接安装即可。安装过程中要选择 PHP 版本，一定要选择准确。这里作者选择 php 4.3.x，完成安装之前提示是否备份 php.ini，单击"确定"按钮后就结束安装了。然后打开 php.ini，找到[Zend]，在其下面可以看到 zend_optimizer.optimization_level=这行，将其改为 zend_optimizer.optimization_ level=1023，保存并重启 Apache/IIS，到此安装全部结束。

2.3.5　测试

用记事本新建一个文件，写下下面几行代码，保存到 C:\Apache2\htdocs 目录下，这个目录就是站点根目录，命名为 phpinfo.php，然后在浏览器地址栏中输入"http://localhost/phpinfo.php"就可以看到详尽的关于 PHP 的信息了。

```
CODE
<?php
Phpinfo();
?>
```

需要注意的是，在保存文件时，文件的后缀名应该为.php。当保存文件时，系统会要求指定文件的文件名，这时请将自己的文件名加上引号（例如，"hello.php"）。或者也可以单击"保存"对话框中的"保存类型"下拉列表框，并将设置改为"所有文件"。这样在输入文件名时就不用加引号了。

2.3.6 JSP 设置（Windows 2003 下 J2SDK+Tomcat 5+IIS）

安装前准备工作。所需软件，下载 Java 的编译开发工具，以前叫 JDK，新版本名字是 J2SDK。下面以 j2sdk-1_4_2_03-windows-i586-p.exe 为例，下载 Tomcat 5，本书用 5 的版本进行说明。

（1）安装软件。首先安装 J2SDK，本书安装的位置为 D:\j2sdk1.4.2，其次安装 Tomcat 5，本书的安装位置为 C:\tomcat5。这个目录位置可以自己选择确定，但是下文介绍的很多环境变量都和这个安装位置有直接关系，请记好所选的安装位置。

（2）软件安装结束后就要开始配置机器的环境变量了。打开"系统属性"对话框（右击"我的电脑"，在弹出的菜单中选择"属性"命令），然后在"高级"选项卡中单击"环境变量"按钮，在弹出的对话框的"系统变量"选项区域中选择 Path 项，单击"编辑"按钮，在原有 Path 路径的基础上加入 D:\j2sdk1.4.2;D:\j2sdk1.4.2\bin\bin，新建变量名为 CLASSPATH，变量值为 D:\j2sdk1.4.2\lib\tools.jar;D:\j2sdk1.4.2\lib\dt.jar；新建变量名为 JAVA_HOME，变量值为 D:\j2sdk1.4.2；新建变量名为 CATALINA_HOME，变量值为 C:\tomcat5；新建变量名为 TOMCAT_HOME，变量值为 C:\tomcat5。注意路径和路径之间是用英文半角分号";"分开的。

（3）配置完成后进入 C:\tomcat5\bin 目录，启动 startup 批量处理文件，弹出 Tomcat 启动信息。如果启动信息不包括 ERROR、错误提示信息等内容，那就证明 Tomcat 安装成功了。直接在 IE 地址栏中输入"http://localhost:8080"就应该能看到一个小猫的默认页面。这样就说明 JSP 服务已经正确安装并启动了。

（4）软件安装和变量配置完成后，就到了和 IIS 整合的阶段。

准备工作：首先要得到一个名为 isapi_redirect.dll 的 IIS 中的组件，大家可以到相关的网站下载这个组件。

开始配置：首先可以更改 JSP 访问的默认端口号 8080，可以到 C:\tomcat5\conf 目录下找到 server.xml 文件，用记事本打开它，并找到以下代码：

```
<!-- Define a non-SSL Coyote HTTP/1.1 Connector on port 8080 -->
<Connector className="org.apache.coyote.tomcat5.CoyoteConnector"
port="8080" minProcessors="5" maxProcessors="100"
enableLookups="true" redirectPort="8443" acceptCount="100"
debug="0" connectionTimeout="20000"
disableUploadTimeout="true" />
```

数字 8080 就是默认的端口号，可以自己修改，为了避免和其他一些程序端口发生冲突，建议使用 8000 以后的端口，更改后保存，重新启动 Tomcat 就可用新端口访问了。例如，改成了 8888，那么网页的访问地址是 http://localhost:8888，接下来到 C:\tomcat5\bin 目录下新建 IIS 目录，将前面刚刚提到的 isapi_redirect.dll 复制到 C:\tomcat5\bin\IIS\i386 目录下，然后打开注册表 HKEY_LOCAL_MACHINE\SOFTWARE\新建目录 Apache Software Foundation\ Jakarta Isapi Redirector\1.0，在 1.0 目录下新建子串值 extension_uri，键值为\jakarta\isapi_ redirect.dll，在 1.0 目录下新建子串值 log_file，键值为 C:\tomcat5\isapi.log；在 1.0 目录下新建子串值 log_level，键值为 error；在 1.0 目录下新建子串值 worker_file，键值为 c:\tomcat5\conf\ worker.properties；在 1.0 目录下新建子串值 worker_mount_file，键值为 c:\tomcat5\conf\ uriworkermap.properties。

接着打开 IIS 新建一个虚拟目录，名称必须为 jakarta，路径浏览到 isapi_redirect.dll 的存放地点 C:\tomcat5\bin\IIS\isapi_redirect.dll。

然后打开 IIS 服务器右击站点名称，打开属性对话框，选择 ISAPI 筛选器，单击"添加"按钮，在筛选器名称中添加 jakarta，将路径浏览到 C:\tomcat5\bin\IIS\isapi_redirect.dll，添加完筛选器后，属性对话框不要关，选择"主目录"选项卡，在下面单击"配置"按钮，然后弹出"应用程序映射"对话框，单击"添加"按钮，将路径浏览到 C:\tomcat5\bin\IIS\ isapi_redirect.dll，扩展名处添加.jsp，然后连续单击"确定"按钮即可，这样告知 IIS 一旦有 JSP 网页请求，就交给 isapi_redirect.dll 来处理。

最后修改默认目录。默认情况下 JSP 文件存放在 tomcat 的 Webapps\Root 目录下，由于和 IIS 的融合，就需要把它更改到 IIS 管理的站点的所在位置，下面在 C:\tomcat5\conf 目录下找到 server.xml 文件，用记事本打开并找到如下代码：

```
<Logger className="org.apache.catalina.logger.FileLogger"
directory="logs" prefix="localhost_log." suffix=".txt"
timestamp="true"/>
</Host>
```

在以上代码后面添加如下代码：

```
<Host name="192.168.0.180" debug="0" appBase="">
<Context path="" reloadable="true" docBase="C:\Tomcat5\JSP" workDir= "C:\Tomcat5\JSP" />
</Host>
```

下面在 C:\tomcat5\bin 目录下运行 startup 批处理文件就可以启动 tomcat 了。

新建一个名为 TEST.JSP 的测试文件：

```
<HTML>
<HEAD>
<TITLE>JSP 测试页面</TITLE>
</HEAD>
<BODY>
<%out.println("<h1>Hello World! </h1>");%>
</BODY>
</HTML>
```

IIS 指向自己网站的目录，访问 http://localhost/TEST.JSP 即可。

2.4 HTML 的引入

HTML 是 Hypertext Markup Language 的英文缩写，即超文本标记语言，是一种用来制作超文本文档的简单标记语言。用 HTML 编写的超文本文档称为 HTML 文档，它能独立于各种操作系统平台（如 UNIX、Windows 等）。自 1990 年以来，HTML 就一直被用作 World Wide Web 的信息表示语言，用于描述 HomePage 的格式设计和它与 WWW 上其他 HomePage 的链接信息。使用 HTML 语言描述的文件，需要通过 WWW 浏览器显示出效果。

所谓超文本，是指它可以加入图片、声音、动画、影视等内容。它可以从一个文件跳转到另一个文件，与世界各地主机的文件链接。

通过 HTML 可以表现出丰富多彩的设计风格，例如：

图片调用：<IMG SRC="文件名">

文字格式：<FONT SIZE="+5 " COLOR="00FFFF">文字</FONT>

页面跳转：<A HREF="文件路径/文件名"></A>

音频：<EMBED SRC="音乐文件名" AUTOSTART=true>

视频：<EMBED SRC="视频文件名" AUTOSTART=true>

上面在示例超文本特征的同时，采用了一些在制作超文本文件时需要用到的一些标签。所谓标签，就是它采用了一系列的指令符号来控制输出的效果，这些指令符号用"<标签名字　属性>"来表示。

2.4.1 HTML 的基本结构

超文本文档分为文档头和文档体两部分。在文档头里，对这个文档进行了一些必要的定义，文档体中才是要显示的各种文档信息。

```
<HTML>
<HEAD>
头部信息
</HEAD>
<BODY>
文档主体，正文部分
</BODY>
</HTML>
```

其中，<HTML>和</HTML>在最外层，表示这对标记间的内容是 HTML 文档。还会看到一些 HomPage 省略<HTML>标记，因为.html 或.htm 文件被 Web 浏览器默认为 HTML 文档。<HEAD>和</HEAD>之间包括文档的头部信息，如文档总标题等，若不需头部信息则可省略此标记。<BODY> 标记一般不省略，表示正文内容的开始。

下面是一个最基本的超文本文档的源代码。

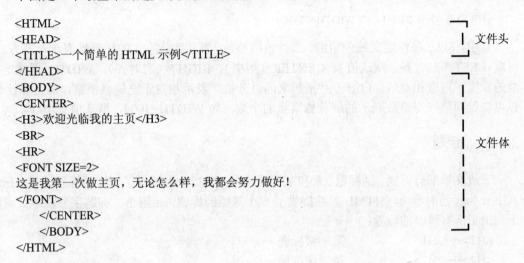

```
<HTML>
<HEAD>
<TITLE>一个简单的 HTML 示例</TITLE>
</HEAD>
<BODY>
<CENTER>
<H3>欢迎光临我的主页</H3>
<BR>
<HR>
<FONT SIZE=2>
这是我第一次做主页，无论怎么样，我都会努力做好！
</FONT>
    </CENTER>
    </BODY>
</HTML>
```

文件头

文件体

2.4.2 超文本中的标签

刚刚接触超文本，可能遇到的最大障碍就是一些用"<"和">"括起来的句子，称之为标签，是用来分割和标记文本的元素，以形成文本的布局、文字的格式及五彩缤纷的画面。

1．单标签

某些标记称为"单标签"，它只需单独使用就能完整地表达意思。这类标记的语法结构如下：

<标签名称>

最常用的单标签是
，它表示换行。

2．双标签

另一类标记称为"双标签"，它由"始标签"和"尾标签"两部分构成，必须成对使用，其中始标签告诉 Web 浏览器从此处开始执行该标记所表示的功能，而尾标签告诉 Web 浏览器在这里结束该功能。始标签前加一个斜杠（/）即成为尾标签。这类标记的语法结构如下：

<标签>内容</标签>

其中，"内容"部分是要被这对标记施加作用的部分。例如，想突出对某段文字的显示，就将此段文字放在<EM>和</EM>标记之间，例如，<EM>第一：</EM>。

3．标签属性

许多单标签和双标签的始标签内可以包含一些属性，其语法结构如下：

< 标签名字 属性 1 属性 2 属性 3 …>

各属性之间无先后次序，属性也可省略（即取默认值），例如单标签<HR>表示在文档的当前位置画一条水平线（horizontal line），一般是从窗口中当前行的最左端一直画到最右

端。带一些属性的<HR>标签如下：

<HR SIZE=3 ALIGN=LEFT WIDTH="75%">

其中，SIZE 属性定义线的粗细，属性值取整数，默认为 1；ALIGN 属性表示对齐方式，可取 LEFT（左对齐，默认值）、CENTER（居中）、RIGHT（右对齐）；WIDTH 属性定义线的长度，可取相对值，（由一对"括起来的百分数，表示相对于充满整个窗口的百分比），也可取绝对值（用整数表示的屏幕像素点的个数，如 WIDTH=300），默认值是 100%。

2.4.3 标题

一般文章都有标题、副标题、章和节等结构，HTML 中也提供了相应的标题标签<Hn>，其中 n 为标题的等级，HTML 总共提供了 6 个等级的标题，n 越小，标题字号就越大。以下列出了所有等级的标题：

<H1>…</H1>	第一级标题
<H2>…</H2>	第二级标题
<H3>…</H3>	第 3 级标题
<H4>…</H4>	第 4 级标题
<H5>…</H5>	第 5 级标题
<H6>…</H6>	第 6 级标题

在编写 HTML 文件时，不必考虑太细的设置，也不必理会段落过长的部分会被浏览器切掉。因为在 HTML 语言规范里，每当浏览器窗口被缩小时，浏览器会自动将右边的文字转到下一行。编写者对于自己需要断行的地方，应加上
标签。例如：

```
<html>
<head>
<title>无换行示例</title>
</head>
<body>
登鹳雀楼　白日依山尽，黄河入海流。欲穷千里目，更上一层楼。
</body>
</html>
```

2.4.4 文字的大小设置

提供设置字号大小的是 FONT，FONT 有一个属性 SIZE，通过 SIZE 属性就能设置字号大小，而 SIZE 属性的有效值为 1~7，其中默认值为 3。可以在 SIZE 属性值之前加上"＋"、"－"符号，来指定相对于字号初始值的增量或减量。请看下面的代码：

```
<html>
<head>
<title>字号大小</title>
</head>
<body>
<font size=7>这是 size=7 的字体</font><P>
<font size=6>这是 size=6 的字体</font><P>
```

```
<font size=5>这是 size=5 的字体</font><P>
<font size=4>这是 size=4 的字体</font><P>
<font size=3>这是 size=3 的字体</font><P>
<font size=2>这是 size=2 的字体</font><P>
<font size=1>这是 size=1 的字体</font><P>
<font size=-1>这是 size=-1 的字体</font><P>
</body>
</html>
```

2.4.5　文字的字体与样式

HTML 4.0 提供了定义文字字体的功能，用 FACE 属性来完成这个工作。FACE 的属性值可以是本机上的任一字体类型，但有一点麻烦的是，只有对方的计算机中装有相同的字体才可以在他的浏览器中出现自己预先设计的风格。

```
<font face="字体">
```

例如：

```
<HTML>
<HEAD>
<TITLE>字体</TITLE>
</HEAD>
<BODY>
<CENTER>
<FONT face="楷体_GB2312">欢迎光临</FONT><P>
<FONT face="宋体">欢迎光临</FONT><P>
<FONT face="仿宋_GB2312">欢迎光临</FONT><P>
<FONT face="黑体">欢迎光临</FONT><P>
<FONT face="Arial">Welcome my homepage.</FONT><P>
<FONT face="Comic Sans MS">Welcom my homepage.</FONT><P>
</CENTER>
</BODY>
</HTML>
```

为了让文字富有变化，或者为了刻意强调某一部分，HTML 提供了一些标签以产生这些效果。现将常用的标签列举如下：

<B>	</B>	粗体	HTML 语言
<I>	</I>	斜体	HTML 语言
<U>	</U>	加下划线	HTML 语言
<TT>	<TT>	打字机字体	HTML 语言
<BIG>	</BIG>	大型字体	HTML 语言
<SMALL>	</SMALL>	小型字体	HTML 语言
<BLINK>	</BLINK>	闪烁效果	HTML 语言
<EM>	</EM>	表示强调，一般为斜体	HTML 语言
<STRONG>	</STRONG>	表示特别强调，一般为粗体	HTML 语言
<CITE>	</CITE>	用于引证、举例，一般为斜体	HTML 语言

第3章 HTML 与 CSS 核心基础

3.1 HTML 基础知识

Web 页面也就是通常所说的网页，在 WWW 上的一个超媒体文档称之为一个页面（page）。作为一个组织或个人在万维网上放置开始点的页面称为主页（HomePage）或首页，主页中通常包括指向其他相关页面或其他节点的指针（超链接）。在逻辑上将一个整体的一系列页面的集合称为网站（Website 或 Site）。

HTML 之所以称为超文本标记语言，是因为文本中包含了所谓"超链接"点。所谓超链接，就是一种 URL 指针，通过激活（单击）它，可使浏览器获取新的网页。这也是 HTML 获得广泛应用的最重要的原因之一。

3.1.1 HTML 概述

网页的本质就是 HTML，通过结合使用其他 Web 技术（如脚本语言、CGI、组件、CSS 样式等），可以创造出功能强大的网页。因而，HTML 是 Web 编程的基础，也就是说万维网是建立在超文本基础之上的。下面来具体介绍一下 HTML。

什么是 HTML?
- ☑ HTML 是用来描述网页的一种语言。
- ☑ HTML 指的是超文本标记语言（HyperText Markup Language）。
- ☑ HTML 不是一种编程语言，而是一种标记语言（Markup Language）。
- ☑ 标记语言是一套标记标签（Markup Tag）。
- ☑ HTML 使用标记标签来描述网页。

什么是 HTML 标签?
- ☑ HTML 标记标签通常被称为 HTML 标签（HTML tag）。
- ☑ HTML 标签是由尖括号包围的关键词，如<html>。
- ☑ HTML 标签通常是成对出现的，如和。
- ☑ 标签对中的第一个标签是开始标签，第二个标签是结束标签。

HTML 文件结构:

```
<html>
    <head>
        <title>标题</title>
        <meta/>
    </head>
        <body>
```

```
        HTML 文件的正文
    </body>
</html>
```

HTML 元素：

☑　标题。通过<h1>～<h6>等标签进行定义的。

`<h1>This is a heading</h1> <h2>This is a heading</h2>`

☑　段落。通过<p>标签进行定义的。

`<p>This is a paragraph.</p>`

☑　链接。通过<a>标签进行定义的。

`<a href="http://www.w3school.com.cn">This is a link</a>`

href 属性指定链接的地址。

☑　图像。通过<img>标签进行定义的。

`<img src="w3school.jpg" width="104" height="142" />`

图像的名称宽度、高度是以属性的形式提供的。

3.1.2　网页的色彩设计

网页设计伴随着网络的发展而迅速兴起，各类机构纷纷建立起自己的网站，在网上开展业务，树立形象；还有不少个人网站，以展示自我、张扬个性。总之，当各式各样的网站充斥着 Internet 的每一个角落时，网站制作也随之成为当今的热门技术，也相应出现了许多各具特色的网页制作工具，使编写网页的过程也变得简单和轻松。但如今用户更多地注重网站的便利程度及网站的独立性和创意性，这就对设计师提出了更高的要求。在界面设计方面，重要的一点是要站在用户的立场上对网页结构进行合理的安排。网页设计不仅包括网页布局设计，还具有动态的方面，即网页本身具有不停闪烁的文字、不断变化的色彩和 Flash 动画，另外，网页之间的链接是访问更深层页面必不可少的，也就是网站的导航，使用户可以从网站的某一个地方随意跳转到不同层次的其他地方。下面就对网站色彩搭配做一些介绍。

网站的颜色使用在网站建设中起着非常关键的作用。成功的色彩搭配可以让人过目不忘；失败的色彩选择，则会严重影响人们对网站的浏览，视觉不舒服，就算你的内容再好，也没有看下去的兴趣，又如何谈网站建设的好坏和后期的网络推广呢？随着企业和个人对建立网站的意识和需求的增强，网站建设中的很多问题也在逐渐突显。网站建设作为一个直观的东西，首先就是要有耳目一新的感觉，因此，网站建设的色彩搭配方面是一个相当需要注意的问题。掌握了网站建设的色彩方面的问题，就能让整个网站在整体上有比较好的宏观视觉效果，也敲响了吸引顾客的第一块砖。

网站建设在色彩搭配方面，也是有一定的方法和技巧的。这里有几点建议供大家分享：

（1）尽量使用网页安全色，即自然界中存在的颜色，而非电脑合成的颜色。

（2）网页背景颜色与文字对比度要高，一般来说白色背景常会选择黑色字体，当然这也不是绝对的，像深蓝色、灰色也是网页字体常用的颜色。

（3）不要让蓝色与红色、蓝色与黄色、绿色与红色这几类颜色同时出现，避免让人感觉视觉疲劳。

（4）颜色使用要始终具有同一性，在网页配色中，尽量控制在 3 种色彩以内，以避免网页花、乱、没有主色的显现。背景和前文的对比尽量要大（绝对不要用花纹繁复的图案作背景），以便突出主要文字内容。

（5）尽量少用或者不用细小的字体或蓝色表格。利用留白来平衡网站中的颜色刺激。

（6）要始终保持颜色统一，这也是网站可读性的重要方面。

3.1.3　Photoshop 制作静态页面

网页制作工具有很多，Photoshop 是一个很不错的选择。利用 Photoshop 制作网页的一般步骤如图 3.1 所示。

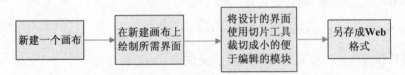

图 3.1　Photoshop 制作网页步骤

使用 Photoshop 制作网页页头、网页导航、图片、文字等，如网页中的 logo、banner、icon 制作，一切完毕之后，使用切片工具，将页面切割成相应小块，如图 3.2 所示。

图 3.2　Photoshop 切图

然后另存为 Web 格式，为后面页面排版做好准备。

3.2　CSS+div 布局设计

3.2.1　引入 CSS 方法

和 HTML 类似，CSS 也是由 W3C 组织负责制定和发布的。1996 年 12 月发布了 CSS 1.0 规范；1998 年 5 月发布了 CSS 2.0 规范。目前有两个新版本正处于工作状态，即 CSS 2.1 版和 CSS 3.0 版。

HTML 与 CSS 是两个作用不同的语言，它们同时对一个网页产生作用，因此必须通过一些方法将 CSS 与 HTML 联系在一起，才能正常工作。因为 HTML 与 CSS 的关系就是"内容"与"形式"的关系，由 HTML 确定网页的内容，而通过 CSS 来决定页面的表现形式。在 HTML 中，引入 CSS 的方法主要有行内式、内嵌式、链接式和导入式 4 种。

1. 行内式

行内式即在标记的 style 属性中设定 CSS 样式，这种方式本质上没有体现出 CSS 的优势，因此不推荐使用。

```
<div id="username"　style="width:300px; color:red; " >用户名</div>
```

2. 内嵌式

内嵌式则将对页面中各种元素的设置集中写在<head>和</head>之间，对于单一的网页，这种方式很方便。但是对于一个包含很多页面的网站，如果每个页面都以内嵌式设置各自的样式，就失去了 CSS 带来的巨大优点，因此一个网站通常都是编写一个独立的 CSS 样式表文件。使用以下方式引入 HTML 文档中。

```
<head runat="server">
<title>科技工作展示</title>
<style type="text/css" >
.step{
      position:absolute;
      z-index:2;
      color:#fff;
      font-size:14px;
      font-weight:bold;
      vertical-align:middle;
      cursor:pointer;
      margin:0px 0px 0px 300px;
      }
.step em{
      margin:0 0px 0px;
      color:#C60000;
      }
.step font{
      margin:0 0px;
```

```
        color:#C60000;
        font-weight:bolder;
        }
</style>
</head>
```

3. 链接式

链接式是指在外部定义 CSS 样式表并形成以.css 为扩展名的文件，然后在页面中通过 <link>标记链接到页面中，而且该链接语句必须放在页面的<head>标记区，具体如下：

```
<link href="../css/css.css" rel="stylesheet" type="text/css">
```

<link>标记的属性 rel 指定链接到样式表，type 表示样式表类型为 CSS 样式表，href 指定 CSS 样式表所在的位置，这里使用的是相对路径。如果 HTML 文档与 CSS 样式表没有在同一路径下，则需要制定样式表的绝对路径或引用位置。

下面分析一下，这是网页代码：

```
<%@ Page Language="C#" AutoEventWireup="true" CodeBehind="ExhibitionImage.aspx.cs" Inherits=
"web.QianTai.zt.erji.ExhibitionImage" %>
<!DOCTYPE html PUBLIC "-//W3C//DTD XHTML 1.0 Transitional//EN" "http://www.w3.org/TR/xhtml1/
DTD/xhtml1-transitional.dtd">
<html xmlns="http://www.w3.org/1999/xhtml" >
<head runat="server">
<title>科技工作展示</title>
<link href="../css/css.css" rel="stylesheet" type="text/css">
</head>
<body>
    <div id="container">
        <div id="top"><img src="../images/img_02.jpg"></div>
        <div id="main">
            <div class="photo" id="photo" runat="server">
            </div>
        </div>
        <div id="bottom"><p>主办单位：山东师范大学科技处</p></div>
    </div>
</body>
</html>
```

从 head 部分链接 CSS 样式文件，在 css.css 中对网页内容进行修饰，具体如下：

```
body {
    margin: 0px;
    padding: 0px;
    background-color:#D30003;
    text-align:center;
    }
#container{
    width:1002px;
    margin:0px auto;
```

```
        }
#main{
    background-color:#FFFFFF;
    height:300px;
    text-align:left;
    padding:20px 0px 0px 0px;
    }
#bottom{
    height:55px;
    background-color:#C40208;
    }
#bottom p{
    font-size:14px;
    color:#FFFFFF;
    letter-spacing:0.3em;
    font-weight:bolder;
    margin:0px;
    padding:18px 0px 0px 0px;
    }
```

运行该 HTML 文档，在浏览器中查看样式效果，如图 3.3 所示。

图 3.3 引用链接式图例

4. 导入式

导入式是指在内部样式表的<style>标记中使用@import 导入一个外部样式表，例如：

```
<head>
<style type="text/css">
@import "css.css";
</style>
</head>
```

此外，如果需要引入多个 CSS 文件，则可以首先用链接式引入一个"目录"CSS 文件，这个"目录"CSS 文件中再使用导入式引入其他 CSS 文件，具体如下：

```
<link href="css/import_basic.css" rel="stylesheet" type="text/css"/>
```

并在 import_basic.css 中写入：

```
@import "framework/reset.css";
@import "framework/basic.css";
@import "framework/position.css";
@import "framework/form.css";
```

另外，导入式必须在样式表的开始部分，其他内部样式表的上面。

3.2.2　CSS 选择器

选择器（selector）是 CSS 中很重要的概念，所有 HTML 语言中的标记样式都是通过不同的 CSS 选择器进行控制的。用户只需要通过选择器对不同的 HTML 标签进行选择，并赋予各种样式声明，即可实现各种效果。

下面详细介绍 CSS 的 3 种基本选择器。

1. 标记选择器

一个 HTML 页面由很多不同的标记组成，CSS 标记选择器用来声明哪些标记采用哪种 CSS 样式。因此，每一种 HTML 标记的名称都可以作为相应的标记选择器的名称。例如，用 h1 选择器来声明页面中所有的<h1>标记的风格，具体如下：

```
<style>
h1{
 color:red;
 font-size:25px;
}
</style>
```

每一个 CSS 选择器都包含本身、属性和值，其中属性和值可以设置多个，从而实现对同一个标记声明多种样式风格，上面的 CSS 代码就是把所有<h1>标记文字的颜色都采用红色，大小都为 25px。

2. 类别选择器

标记选择器一旦声明，那么页面中所有的标记都会相应地产生变化。例如，当声明了<h1>标记为红色时，页面中所有的<h1>标记都将显示为红色，但是如果希望修改其中的一个<h1>标记不是红色，而是蓝色时，仅仅依靠标记选择器是不够的，还需要引入类别（class）选择器。

类别选择器的名称由用户自定义，属性和值跟标记选择器一样，也必须符合 CSS 规范。语法结构如下：

```
类别选择器.class{
                属性 color:值 green;
                属性 font-size:值 20px;
                }
```

例如，当页面中出现 3 个<p>标记时，如果想它们的颜色各不相同，就可以通过设置不同的 class 选择器来实现。下面来看一个完整的例子：

```
<html>
<head>
<title>class 选择器案例</title>
<style type="text/css">
p{
 color:blue;                              /*蓝色*/
 font-size:18px;                          /*文字大小*/
}
.red{
 color:red;
 font-size:20px;
}
.green{
 Color:green;
 Font-size:24px;
}
</style>
</head>
<body>
 <p>class 选择器蓝色 1</p>
<p>class 选择器蓝色 2</p>
 <p class="red"> class 选择器红色</p>
 <p class="green"> class 选择器绿色</p>
</body>
</html>
```

其显示效果如图 3.4 所示，从图中可以看到<p>标记呈现出不同的颜色和字体大小，而且任何一个 class 选择器都适用于所有 HTML 标记，只需要用 HTML 标记的 class 属性声明即可，如第 3 个<p>标记同样使用了.red 这个类别。

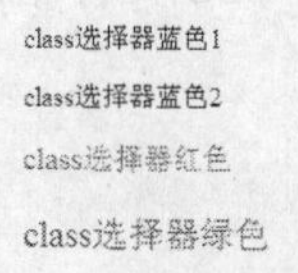

class选择器蓝色1
class选择器蓝色2
class选择器红色
class选择器绿色

图 3.4　class 选择器图例

3. ID 选择器

ID 选择器的使用方法与 class 选择器基本相同，不同之处在于 ID 选择器只能在 HTML 页面中使用一次，因此其针对性更强。在 HTML 的标记中只需要利用 id 属性，就可以直接调用 CSS 中的 ID 选择器，其语法结构如下：

ID 选择器#id {属性 color:值 yellow;属性 font-size:值 30px;}

下面举一个例子：

```
<html xmlns="http://www.w3.org/1999/xhtml">
<head>
<meta http-equiv="Content-Type" content="text/html; charset=utf-8" />
<script type="text/javascript" src="../js/jquery-1.4.js">
<script src="FriendList.js" type="text/javascript"></script>
<link href="../css/import_basic.css" rel="stylesheet" type="text/css"    />
</head>
<body>
    <div id="scrollContent" style=" margin:0 auto;">
        <div class="box2"    style="margin:0 auto;"panelwidth="500" paneltitle="友情链接" showstatus=
            "false" roller="true">
            <table class="tableStyle" transmode="true">
                <tr>
                    <td >友情链接名：</td>
                    <td><input id="linkName" type="text"    runat="server"    maxlength="25"/>
                    </td>
                </tr>
                <tr>
                    <td>链接地址：</td>
                    <td><input type="text" id="linkAddress"    runat="server"    maxlength="125" /
                    </td>
                </tr>
                <tr>
                    <td colspan="2">
                        <input type="submit"    id="save" onclick="panduan();" runat="server" value=
                            " 保 存 " />
                        <input type="reset" id="cancel"onclick="reset()" value=" 重 置 " />
                    </td> </tr> </table></div>
    </div>
</body>
</html>
```

利用 CSS 文件中的样式进行修饰，效果如图 3.5 所示。

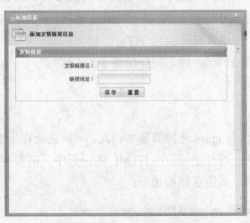

图 3.5　ID 选择器样式图例

3.2.3　Web 中 CSS 常用设计剖析与制作

下面针对一些实例进行详细的介绍。

1. CSS 文字样式

利用 CSS 同样可以像曾使用过的文字处理软件对 HTML 页面中的文字进行全面设置。为了便于讲解和实践，首先准备一个非常简单的页面，HTML 代码如下：

```
<!DOCTYPE html PUBLIC "-//W3C//DTD XHTML 1.0 Transitional//EN" "http://www.w3.org/TR/xhtml1/
DTD/xhtml1-transitional.dtd">
<html xmlns="http://www.w3.org/1999/xhtml">
<head>
        <title>山东师范大学科技处</title>
        <link type="text/css" rel="Stylesheet" href="css/shouye.css" />
</head>
<body>
        <h1>关于填报山东省自然科学基金资助项目任务书的通知</h1>
        <p>作者：yfp </p>
        <p>各有关单位、项目负责人：</p>
        <p>2011 年度山东省自然科学基金计划已经下达，请项目负责人<strong>于 8 月 15 日</strong>
开始登录省自然科学基金管理系统，进行本年度"山东省自然科学基金资助项目任务书"填写工作。现将
有关事项通知如下：</p>
        <p> 一、资助项目任务书由获得资助的项目负责人登录省自然科学基金管理系统填写，系统入
口在省自然科学基金网站右上角。用户名为本人身份证号码，密码为身份证号码后六位。项目负责人登录
后在"项目信息管理"菜单下的"立项管理"栏内填写任务书。重点项目需填写并上传任务书附件，请根
据系统提供的模板要求撰写。请各项目负责人<strong>9 月 2 日</strong>前完成项目任务书填写工作并在
系统内提交。</p>
</body>
</html>
```

效果如图 3.6 所示。

图 3.6　无 CSS 样式的 HTML 基本效果图

在 CSS 中字体是通过 font-family 属性来控制的。例如，针对上面准备好的网页，在样式部分增加对 P 标记的字体样式的设置。

```
<style type='text/css'>
p{
    font-family: 楷体_GB2312;                    /*字体设置*/
```

```
        font-size:12px;                      /*字体大小设置*/
        line-height:18px;                    /*行高设置*/
        color:blue;                          /*字体颜色设置*/
        font-weight:bold;                    /*字体加粗设置*/
        text-align:center;                   /*字体居中设置*/
        text-indent:2em;                     /*段首缩进设置*/
        }
    </style>
```

效果如图 3.7 所示。

图 3.7 带有 CSS 样式的 HTML 基本效果图

在 Web 设计领域中，"如何设定页面文字的大小"是备受关注和争议的问题，CSS 中的 font-size 属性的值可以分为 4 类。

（1）长度单位

长度单位可以是相对的或绝对的。下面的这些是相对长度单位。

☑　em：相对于父对象的文字大小。

☑　ex：相对于特定字体中的字母 x 的高度。

☑　px：相对于特定设备的分辨率，是最常用的单位。

绝对长度单位则仅在打印时、在浏览器或设备的物理尺寸和特性已知的情况下才比较有用。

☑　in：英寸。

☑　cm：厘米。

☑　mm：毫米。

☑　pt：点。

☑　pc：12 点活字。

（2）表示"相对大小"的关键字

当使用相对大小的关键字时，只有两个可能值，即 larger 和 smaller。

（3）百分比值

使用百分比值所设定的大小，将在容器对象（或者父对象）的文字大小的基础上改变。例如，设定一个值 120%，将会使当前对象里的文字在其上层对象的文字大小设定值的基础上增大 20%，不管是什么单位。

（4）表示"绝对大小"的关键字

表示"绝对大小"的关键字有 xx-small、x-small、small、medium、large、x-large 和 xx-large。

在此建议使用关键字和百分比来设定页面文字的大小，以允许用户控制并实现最大程度的灵活性。例如，一个简化的、将某些对象的文字大小设定为百分比值后的样式表如下：

```
<!DOCTYPE html PUBLIC "-//W3C//DTD XHTML 1.0 Transitional//EN" "http://www.w3.org/TR/xhtml1/
DTD/xhtml1-transitional.dtd">
<html xmlns="http://www.w3.org/1999/xhtml">
<head>
    <title>山东师范大学科技处</title>
    <link type="text/css" rel="Stylesheet" href="css/shouye.css" />
<style type="text/css">
body{
        font-size:small;
    }
p{
        font-size:160%;
    }
h1{
        font-size:150%;
    }
.sss{
        font-size:120%;
    }
</style>
</head>
<body>
    <h1>关于填报山东省自然科学基金资助项目任务书的通知</h1>
        <p>作者：yfp </p>
    <p>各有关单位、项目负责人：</p>
    <p class="sss">2011 年度山东省自然科学基金计划已经下达，请项目负责人<strong>于 8 月 15
日</strong>开始登录省自然科学基金管理系统，进行本年度"山东省自然科学基金资助项目任务书"填写
工作。现将有关事项通知如下：</p>
    <p class="sss"> 一、资助项目任务书由获得资助的项目负责人登录省自然科学基金管理系统填
写，系统入口在省自然科学基金网站右上角。用户名为本人身份证号码，密码为身份证号码后六位。项目
负责人登录后在"项目信息管理"菜单下的"立项管理"栏内填写任务书。重点项目需填写并上传任务书
附件，请根据系统提供的模板要求撰写。请各项目负责人<strong>9 月 2 日</strong>前完成项目任务书填
写工作并在系统内提交。</p>
</body>
</html>
```

效果如图 3.8 所示。

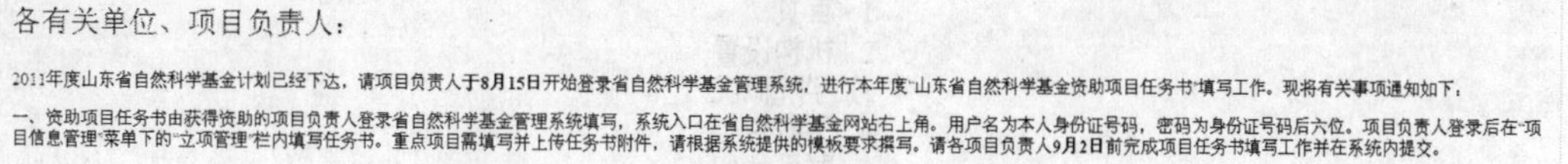

关于填报山东省自然科学基金资助项目任务书的通知

作者：yfp

各有关单位、项目负责人：

2011年度山东省自然科学基金计划已经下达，请项目负责人于8月15日开始登录省自然科学基金管理系统，进行本年度"山东省自然科学基金资助项目任务书"填写工作。现将有关事项通知如下。

一、资助项目任务书由获得资助的项目负责人登录省自然科学基金管理系统填写，系统入口在省自然科学基金网站右上角。用户名为本人身份证号码，密码为身份证号码后六位。项目信息管理"菜单下的"立项管理"栏内填写任务书。重点项目需填写并上传任务书附件，请根据系统提供的模板要求撰写。请各项目负责人9月2日前完成项目任务书填写工作并在系统内提交。

图 3.8　设置文字样式的 P 标记效果图

2. 导航与链接样式

一个网站的导航栏常常成为其设计方案的支柱。导航栏是一个重要且关键的页面组件。导航制作一般有两种，一种是绘制导航图片，包括鼠标移动、鼠标离开等的不同样式的图片，导航文字都嵌在这些图片当中；另外一种是制作背景图片，在背景图片上写导航文字。本书推荐后者，因为第一种不方便使用屏幕阅读软件或者想通过关掉图片显示以节省下载时间的那些浏览者，而且无法随意更改图片中的文字大小，缺乏灵活性，如要修改导航栏文字，则需要重新制作图片。

就导航而言，应该使用列表，即包含一组链接的列表。列表分无序列表<ul>和有序列表<ol>两种。下面分别来看一下：

```
<!DOCTYPE html PUBLIC "-//W3C//DTD XHTML 1.0 Transitional//EN" "http://www.w3.org/TR/xhtml1/
DTD/xhtml1-transitional.dtd">
<html xmlns="http://www.w3.org/1999/xhtml">
<head>
<meta http-equiv="Content-Type" content="text/html; charset=utf-8" />
<title>项目列表</title>
</head>
<body>
<ul>
        <li>首页</li>
        <li>机构设置</li>
        <li>学院概况</li>
        <li>下载中心</li>
        <li>联系我们</li>
</ul>
<ol>
        <li>首页</li>
        <li>机构设置</li>
        <li>学院概况</li>
        <li>下载中心</li>
        <li>联系我们</li>
</ol>
</body>
</html>
```

效果如图 3.9 所示。

- 首页
- 机构设置
- 学院概况
- 下载中心
- 联系我们

1. 首页
2. 机构设置
3. 学院概况
4. 下载中心
5. 联系我们

图 3.9　ul 与 ol 基本效果图

　　导航不可避免地要牵扯到超链接，通过超链接能够实现页面的跳转、功能的激活等，超链接也是用户使用最多的元素之一。下面就把导航和超链接的样式结合起来介绍。

```
<!DOCTYPE html PUBLIC "-//W3C//DTD XHTML 1.0 Transitional//EN" "http://www.w3.org/TR/xhtml1/
DTD/xhtml1-transitional.dtd">
<html xmlns="http://www.w3.org/1999/xhtml">
<head>
<meta http-equiv="Content-Type" content="text/html; charset=utf-8" />
<title>项目列表</title>
</head>
<body>
<ul>
    <li><a href="http://www.cneasygo.com">首页</a></li>
    <li><a href="http://www.sdnu902.com">机构设置</a> </li>
    <li><a href="http://www.uniacm.com">学院概况</a></li>
    <li><a href="http://www.sdnushop.com">下载中心</a></li>
    <li><a href="#">联系我们</a></li>
</ul>
</body>
</html>
```

效果如图 3.10 所示。

- 首页
- 机构设置
- 学院概况
- 下载中心
- 联系我们

图 3.10　带有超链接的 ul 基本效果图

　　下面就把对导航和超链接的样式设置加进去：

```
<!DOCTYPE html PUBLIC "-//W3C//DTD XHTML 1.0 Transitional//EN" "http://www.w3.org/TR/xhtml1/
DTD/xhtml1-transitional.dtd">
<html xmlns="http://www.w3.org/1999/xhtml">
<head>
<meta http-equiv="Content-Type" content="text/html; charset=utf-8" />
<title>项目列表</title>
<style type="text/css">
#nav{
    width:100%;                          /*宽度*/
    list-style:none;                     /*列表样式：无*/
    background-color: #FF9900;           /*背景颜色*/
    }
#nav li{
    float::left;                         /*左侧浮动，联合 display 属性把导航栏拽成水平显示*/
    font-size:small;                     /*字体大小*/
```

```
        display:inline;                          /*一行显示*/
    }
</style>
</head>
<body>
<ul id="nav">
        <li><a href="http://www.cneasygo.com">首页</a></li>
        <li><a href="http://www.sdnu902.com">机构设置</a> </li>
        <li><a href="http://www.uniacm.com">学院概况</a></li>
        <li><a href="http://www.sdnushop.com">下载中心</a></li>
        <li><a href="#">联系我们</a></li>
</ul>
</body>
</html>
```

效果如图 3.11 所示。

图 3.11 带有超链接的且带有 CSS 样式的 ul 效果图

下一步，再给链接增加一些常见的样式，效果如图 3.12 所示。

```
#nav a{
        float:left;
        display:block;                          /*块状显示*/
        margin:0 1px 0 0;
        padding:4px 8px;
        color:#333;
        text-decoration:none;                   /*超链接文本样式*/
        border:1px solid #9b8748;               /*块状边框宽度、颜色等样式*/
        background:#f9e9a9;                      /*背景颜色*/
    }
#nav{
        width:960px;
        float:left;                             /*  为了撑开 nav 的背景颜色*/
        list-style:none;
        background:#FF9900;
    }
```

图 3.12 带有 CSS 样式的超链接和 ul 效果图

3. 布局的设置

任何一个网站都有自己的布局，CSS 布局与 table 表格式布局是两种完全不同的布局方式。在此采用 CSS 布局定位方式，div 正是这种布局方式的核心对象，页面排版不再依赖表格，仅从 div 的使用上说，做一个简单的布局只需要依赖两样东西，即 div 与 CSS。因此有人称 CSS 布局为 div+CSS 布局。

网页的布局多种多样，有一列、两列、三列、四列的，并且宽度有固定和自适应的。

```
<!DOCTYPE html PUBLIC "-//W3C//DTD XHTML 1.0 Transitional//EN" "http://www.w3.org/TR/xhtml1/
DTD/xhtml1-transitional.dtd">
<html xmlns="http://www.w3.org/1999/xhtml">
<head>
<meta http-equiv="Content-Type" content="text/html; charset=utf-8" />
<title>网页布局</title>
<style type="text/css">
#main{
        width:100%;
        height:100px;
        }
#mleft{
        width:30%;
        height:100px;
        float:left;
        background-color:#0066FF;
    }
#mcenter{
        width:40%;
        height:100px;
        float:left;
        background-color:#00CC99;
    }
#mright{
        width:30%;
        height:100px;
        float:right;
        background-color:#0099FF;
    }
</style>
</head>
<body>
<div id="main">
<div id="mleft" ></div>
<div id="mcenter"></div>
<div id="mright"></div>
</div>
</body>
</html>
```

效果如图 3.13 所示。

图 3.13　带有 float 属性的 3 栏效果图

把以上导航与链接和 CSS 布局结合起来的样式如图 3.14 所示。

图 3.14   导航和 CSS 布局结合的效果图

第4章 jQuery 入门基础

jQuery 是目前使用最广泛的 JavaScript 函数库。据统计，全世界排名前 100 位的网站，有 46%使用 jQuery，远远超过其他函数库。微软公司甚至把 jQuery 作为它们的官方库。jQuery 是一个了不起的 JavaScript 库，它用很少的几句代码就可以创建出漂亮的页面效果。从网站方面来说，这使 JavaScript 更加有趣。鉴于 jQuery 的广泛应用，有必要对其进行学习和掌握，在学习 jQuery 之前，首先来回顾一下有关 JavaScript 的基础知识。

4.1 JavaScript

4.1.1 JavaScript 概述

JavaScript 是一种解释性的、基于对象的脚本语言，可以直接嵌入到 HTML 页面中。JavaScript 是基于客户端（浏览器）运行的，网页里 JavaScript 的执行都是由浏览器进行处理。利用 JavaScript 可以增强网页的交互性，控制各种浏览器对象。利用 JavaScript 可以对用户所输入的数据进行有效验证（客户端验证），减小网络开销、减轻服务器负担。

JavaScript 代码必须放在<script>与</script>标记之间，以便将脚本代码与 HTML 标记区分开来。script 块可以放在<head></head>之间，也可以放在<body></body>之间，如图 4.1 所示。

```
<html xmlns="http://www.w3.org/1999/xhtml">
<head runat="server">
    <title>JQuery教程</title>
    <script type="text/javascript">
//      JavaScript代码
    </script>
</head>
<body>
    <script type="text/javascript">
//      JavaScript代码
    </script>
</body>
</html>
```

图 4.1　JavaScript 代码的位置

可以将 JavaScript 代码单独放到某一个文件中（如 test.js），然后在 script 块中，通过 src 属性指明 JavaScript 代码文件的路径即可，如图 4.2 所示。

```
<html xmlns="http://www.w3.org/1999/xhtml">
<head runat="server">
    <title>JQuery教程</title>
    <script type="text/javascript" src="jquery-1.6.3.min.js"></script>
</head>
```

图 4.2　通过 src 属性指明 JavaScript 代码文件的路径

4.1.2 JavaScript 基础

1. 基本数据类型

（1）数值型。最基本的数据类型，包括整型（如 1234）和实数型（如 12.34）。

（2）字符串型。表示字符序列的数据类型。如"This is a test"、"\n"等。

（3）布尔型。表示状态的数据类型，true：真，false：假。

（4）null 和 undefined。

☑ null：null 的类型是 Object，用来表示一个变量没有任何数值。例如：

var empty = null; //empty 的值为 null

☑ undefined：undefined 类型也是 undefined，表示变量没有定义任何值。例如：

var value ; //value 的值为 undefined

2. JavaScript 事件

网页的每一个元素都能因用户的操作而产生一定的动作，这些元素因用户操作而产生的动作称之为事件。通过事件的触发可以调用 JavaScript 的函数（JavaScript 事件处理程序）。例如，可以使用一个按钮的单击（onclick）事件来指定当用户单击按钮时执行函数 show()。

```
<html xmlns="http://www.w3.org/1999/xhtml">
<head>
    <title>事件函数</title>
    <script src="Scripts/jquery-1.4.1.js" type="text/javascript"></script>
    <script type="text/javascript">
        function show() {
            alert("山东师范大学欢迎您！");
        }
    </script>
</head>
<body>
   <input type ="button"    value="点击我" onclick ="show()"/>
</body>
</html>
```

几个常用的事件介绍如下。

☑ onabort：一个图片的加载被终止（只用于<img>）。

☑ onblur：当一个元素失去焦点（光标移开）。

☑ onchange：用户改变了一个域的值。

☑ onclick：鼠标单击对象。

☑ ondblclick：鼠标双击对象。

☑ onerror：文件或图片加载出错（<img>, <object>, <style>）。

☑ onfocus：一个元素得到焦点。

☑ onkeydown：键盘上任一键被按下。

- ☑ onkeypress：键盘上任一键被按下或保持按下。
- ☑ onkeyup：当被按下的键被释放时。
- ☑ onload：当页面或图片完成加载。
- ☑ onmousedown：当一个鼠标键被按下。
- ☑ onmousemove：鼠标移动。
- ☑ onmouseout：鼠标从一个元素上移开。
- ☑ onmouseover：鼠标移至某元素上。
- ☑ onmouseup：鼠标键被释放。

3. 面向对象的 JavaScript

JavaScript 是一种面向对象的语言，虽然很多书上都有讲解，但还是有很多初级开发者对其不太了解。

（1）创建对象

在 C#中使用 new 关键字创建对象，在 JavaScript 中也可以使用 new 关键字。

```
var objectA = new Object();
```

但是实际上 new 可以省略：

```
var objectA = Object();
```

建议为了保持语法一致，总是带着 new 关键字声明一个对象。

（2）创建属性并赋值

在 JavaScript 中属性不需要声明，在赋值时即自动创建：

```
objectA.name = "my name";
```

（3）访问属性

一般使用 "."来分层次的访问对象的属性：

```
alert(objectA.name);
```

（4）嵌套属性

对象的属性同样可以是任何 JavaScript 对象：

```
var objectB = objectA;
objectB.other = objectA;
//此时下面 3 个值相当，并且改变其中任何一个值其余两个值都改变
objectA.name;
objectB.name;
objectB.other.name;
```

（5）使用索引

如果 objectA 上有一个属性名称为 school.college，那么没法通过 "."访问，因为 "objectA. school.college" 语句是指寻找 objectA 的 school 属性对象的 college 属性，这种情况需要通过索引设置来访问属性。

```
objectA["school.college"] = "BITI";
alert(objectA["school.college"]);
```

下面几个语句是等效的：

```
objectA["school.college"] = "BITI";
 var key = "school.college"
alert(objectA["school.college"]);
alert(objectA["school" + "." + "college"]);
alert(objectA[key]);
```

4.2　jQuery

4.2.1　jQuery 概述

1．jQuery 的特点

（1）jQuery 封装了 JavaScript 常用的功能代码，提供了一种简洁、快捷的 JavaScript 设计模式，优化了 HTML 文档操作、事件处理、动画设计和 Ajax 交互。

（2）jQuery 的设计宗旨：Write Less，Do More。jQuery 改变了了用户编写 JavaScript 代码的方式，它兼容 CSS 3 和各种主流浏览器，被越来越多的开发人员所喜爱。

（3）jQuery 是一个基于 JavaScript 语言的框架，其本质也是 JavaScript 代码，自然 jQuery 代码与 JavaScript 代码可以相互混合使用。

2．jQuery 库的安装

下载 jQuery 源代码库（jquery-1.6.3.min.js），jQuery 的官方下载地址是 http://jquery.com，jQuery 框架不需要安装，只需在网页文档头部导入 jQuery 框架文件即可。

```
<html xmlns="http://www.w3.org/1999/xhtml">
<head>
    <title>事件函数</title>
    <script src="Scripts/jquery-1.4.1.js" type="text/javascript"></script>
    <script type="text/javascript">
        function show() {
            alert("山东师范大学欢迎您！");
        }
    </script>
</head>
```

另外，编写 jQuery 代码方式同 JavaScript 一样，放置在 script 块中。

4.2.2　jQuery 基本语法

通过 jQuery，可以选取（查询，query）HTML 元素，并对它们执行"操作"（actions）。jQuery 语法是为 HTML 元素的选取编制的，可以对元素执行某些操作。基础语法格式如下：

$(selector).action()

（1）美元符号（$）定义 jQuery。

（2）选择符（selector）"查询"和"查找"HTML 元素。

（3）jQuery 的 action() 执行对元素的操作。

下面介绍一些 jQuery 的语法实例。

（1）$(this).hide()

jQuery hide() 函数，隐藏当前的 HTML 元素。

（2）$("#test").hide()

jQuery hide() 函数，隐藏 id="test" 的元素。

（3）$("p").hide()

jQuery hide() 函数，隐藏所有 <p> 元素。

（4）$(".test").hide()

jQuery hide() 函数，隐藏所有 class="test" 的元素。

4.2.3　jQuery 选择器

编写任何 JavaScript 程序首先要获得对象，jQuery 选择器能彻底改变获取对象的方式，可以获取几乎任何语意的对象，如"拥有 title 属性并且值中包含 test 的元素"，完成这些工作只需要编写一个 jQuery 选择器字符串。学习 jQuery 选择器是学习 jQuery 最重要的一步。

jQuery 元素选择器和属性选择器允许通过标签名、属性名或内容对 HTML 元素进行选择。选择器允许对 HTML 元素组或单个元素进行操作。在 HTML DOM 术语中，选择器允许对 DOM 元素组或单个 DOM 节点进行操作。

1.　jQuery 使用 CSS 选择器来选取 HTML 元素

（1）$("p") 选取 <p> 元素。

（2）$("p.intro") 选取所有 class="intro" 的 <p> 元素。

（3）$("p#demo") 选取 id="demo" 的第一个 <p> 元素。

2.　jQuery 使用 XPath 表达式来选择带有给定属性的元素

（1）$("[href]") 选取所有带有 href 属性的元素。

（2）$("[href='#']") 选取所有带有 href 值等于"#"的元素。

（3）$("[href!='#']") 选取所有带有 href 值不等于"#"的元素。

（4）$("[href$='.jpg']") 选取所有 href 值以".jpg"结尾的元素。

3.　jQuery CSS 选择器可用于改变 HTML 元素的 CSS 属性

下面的例子把所有 p 元素的背景颜色更改为红色，例如：

$("p").css("background-color","red");

表 4.1 列出了更多的选择器实例。

表 4.1　选择器及其描述

语　法	描　述
$(this)	当前 HTML 元素
$("P")	所有 P 元素
$(p.intro)	所有 class="intro"的<p>元素
$(".intro")	所有 class="intro"的元素
$("#intro")	Id="intro"的第一个元素
$("ul li:first")	每个<ul>的第一个<li>元素
$("[href$='.jpg']")	所有带有.jpg 结尾的属性值的 href 属性
$("div#intro.head")	Id="intro"的<div>元素中的所有 class="head"的元素

4．Dom 对象

在传统的 JavaScript 开发中，都是首先获取 Dom 对象，例如：

var div = document.getElementById("testDiv");
　　var divs = document.getElementsByTagName("div");

经常使用 document.getElementById 方法根据 id 获取单个 Dom 对象，或者使用 document.getElementsByTagName 方法根据 HTML 标签名称获取 Dom 对象集合。

另外在事件函数中，可以通过在方法函数中使用 this 引用事件触发对象（但是在多播事件函数中 IE 6 存在问题），或者使用 event 对象的 target(FF)或 srcElement(iIE6)获取到引发事件的 Dom 对象。

这里获取到的都是 Dom 对象，Dom 对象也有不同的类型，如 input、div、span 等。Dom 对象只有有限的属性和方法，如图 4.3 所示。

5．jQuery 包装集

jQuery 包装集可以说是 Dom 对象的扩充。在 jQuery 的世界中将所有的对象，无论是一个还是一组，都会封装成一个 jQuery 包装集。如获取包含一个元素的 jQuery 包装集：

var jQueryObject = $("#testDiv");

jQuery 包装集都是作为一个对象一起调用的。jQuery 包装集拥有丰富的属性和方法，这些都是 jQuery 特有的，如图 4.4 所示。

图 4.3　Dom 对象的属性和方法　　　图 4.4　jQuery 包装集的属性和方法

6. Dom 对象与 jQuery 对象的转换

（1）Dom 转 jQuery 包装集

如果要使用 jQuery 提供的函数，就要首先构造 jQuery 包装集。可以使用下面即将介绍的 jQuery 选择器直接构造 jQuery 包装集，例如：

$("#testDiv");

上面语句构造的包装集只含有一个 id 是 testDiv 的元素，或者已经获取了一个 DOM 元素，例如：

var div = document.getElementById("testDiv");

上面的代码中 div 是一个 Dom 元素，可以将 DOM 元素转换成 jQuery 包装集：

var domToJQueryObject = $(div);

小窍门：因为有了智能感知，所以可以通过智能感知的方法列表来判断一个对象是 Dom 对象还是 jQuery 包装集。

（2）jQuery 包装集转 DOM 对象

jQuery 包装集是一个集合，所以可以通过索引器访问其中的某一个元素：

var domObject = $("#testDiv")[0];

注意，通过索引器返回的不再是 jQuery 包装集，而是一个 Dom 对象。

jQuery 包装集的某些遍历方法，如在 each()中可以传递遍历函数，在遍历函数中的 this 也是 DOM 元素，例如：

$("#testDiv").each(function() { alert(this) })

如果要使用 jQuery 的方法操作 Dom 对象，怎么办？用上面介绍过的转换方法即可：

$("#testDiv").each(function() { $(this).html("修改内容") })

小结：先让大家明确 DOM 对象和 jQuery 包装集的概念，将极大地加快学习的速度。笔者在学习 jQuery 的过程中就花了很长时间没有领悟到两者的具体差异，因为书上并没有专门讲解两者的区别，所以经常被"this 指针为何不能调用 jQuery 方法"等问题迷惑。直到某一天豁然开朗，发现只要能够区分这两者，就能够在写程序时变得清晰。

4.2.4　jQuery 常用操作

1. jQuery 事件函数

jQuery 事件处理方法是 jQuery 中的核心函数。事件处理程序指的是当 HTML 中发生某些事件时所调用的方法。术语由事件"触发"（或"激发"）经常会被使用。通常会把 jQuery 代码放到<head>部分的事件处理方法中：

<!DOCTYPE html PUBLIC "-//W3C//DTD XHTML 1.0 Transitional//EN" "http://www.w3.org/TR/xhtml1/DTD/xhtml1-transitional.dtd">

```
<html xmlns="http://www.w3.org/1999/xhtml">
<head>
    <title>事件函数</title>
    <script src="Scripts/jquery-1.4.1.js" type="text/javascript"></script>
    <script type="text/javascript">
        $(document).ready(function () {
            $("button").click(function () {
                $("p").hide();
            });
        });
    </script>
</head>
<body>
    <p>
        欢迎光临山东师范大学</p>
    <p>
        轻松学习 jQuery</p>
    <h2>
        次标签不会隐藏</h2>
    <button>
        单击我</button>
</body>
</html>
```

在上面的例子中，当单击"单击我"按钮时会触发调用一个函数，该方法隐藏所有的
<P>元素。

表 4.2 所示为 jQuery 中事件方法的一些例子。

表 4.2　jQuery 中事件方法举例

Event 函数	绑定函数至
$(document).ready(function)	将函数绑定到文档的就绪事件（当文档完成加载时）
$(document).click(function)	触发或将函数绑定到被选元素的单击事件
$(document).dbclick(function)	触发或将函数绑定到被选元素的双击事件
$(document).focus(function)	触发或将函数绑定到被选元素的获得焦点事件
$(document).mouseover(function)	触发或将函数绑定到被选元素的鼠标悬停事件

2. jQuery 效果

（1）jQuery 隐藏和显示

hide()和 show()都可以设置两个可选参数：speed 和 callback。

$(selector).hide(speed,callback)
$(selector).show(speed,callback)

speed 参数规定显示或隐藏的速度，可以设置为 slow、fast、normal 或毫秒。callback
参数是在 hide()或 show()函数完成之后被执行的函数名称。后面章节将介绍更多有关
callback 参数的知识。

（2）jQuery 切换

jQuery toggle()函数使用 show()或 hide()函数来切换 HTML 元素的可见状态。隐藏显示

的元素，显示隐藏的元素。speed 参数可以设置为 slow、fast、normal 或毫秒。

```
$(selector).toggle(speed,callback)
```

callback 参数是在该函数完成之后被执行的函数名称。

（3）jQuery 滑动函数

```
$(selector).slideDown(speed,callback)
$(selector).slideUp(speed,callback)
$(selector).slideToggle(speed,callback)
```

speed 参数可以设置为 slow、fast、normal 或毫秒。callback 参数是在该函数完成之后被执行的函数名称。

① slideDown()实例

```
$(".flip").click(function)(){
$(".panel").slideDown();
});
```

② slideUp()实例

```
$(".flip").click(function)(){
$(".panel").slideUp();
});
```

③ slideToggle()实例

```
$(".flip").click(function)(){
$(".panel").slideToggle();
});
```

（4）jQuery Fade 函数

```
$(selector).fadeIn (speed,callback)
$(selector).fadeOut(speed,callback)
$(selector).fadeTo(speed,opacity callback)
```

speed 参数可以设置为 slow、fast、normal 或毫秒。fadeTo()函数中的 opacity 参数规定减弱到给定的不透明度。callback 参数是在该函数完成之后被执行的函数名称。

① fadeTo()实例

```
$("button").click(function(){
$("div").fadeTo("slow",0.25);
});
```

② fadeOut()实例

```
$("button").click(function(){
$("div").fadeOut("slow",0.25);
});
```

jQuery 中常用函数及其描述如表 4.3 所示。

表 4.3　jQuery 中常用函数及其描述

函　　数	描　　述
$("selector").hide()	隐藏被选元素
$("selector").show()	显示被选元素
$("selector").toggle()	切换（在隐藏与显示之间）被选元素
$("selector").slideDown()	向下滑动（显示）被选元素
$("selector").slideUp()	向上滑动（隐藏）被选元素
$("selector").slideToggle()	对被选元素切换向上滑动和向下滑动
$("selector").fadeIn()	淡入被选元素
$("selector").fadeOut()	淡出被选元素
$("selector").fadeTo()	把被选元素淡出给定的不透明度
$("selector").animate()	对被选元素执行自定义动画

3．jQuery HTML 操作

jQuery 包含很多供改变和操作 HTML 的强大函数。

（1）改变 HTML 内容

$(selector).html(content)

html() 函数改变所匹配的 HTML 元素的内容。相当于"document.getElementById("selector").InnerHTML = "content";"。

（2）添加 HTML 内容

append() 函数向所匹配的 HTML 元素内部追加内容。

$(selector).append(content)

prepend() 函数向所匹配的 HTML 元素内部预置（prepend）内容。

$(selector).prepend(content)

after() 函数在所有匹配的元素之后插入 HTML 内容。

$(selector).after(content)

before() 函数在所有匹配的元素之前插入 HTML 内容。

$(selector).before(content)

jQuery 中改变和添加 HTML 内容的函数及其描述如表 4.4 所示。

表 4.4　jQuery 中改变和添加 HTML 内容的函数及其描述

函　　数	描　　述
$ (selector).html(content)	改变被选元素的（内部）HTML
$(selector).append(content)	向被选元素的（内部）HTML 追加内容

续表

函　　数	描　　述
$(selector).prepend(content)	向被选元素的（内部）HTML "预置"（prepend）内容
$(selector).after(content)	在被选元素之后添加 HTML
$(selector).before(content)	在被选元素之前添加 HTML

4. jQuery CSS 函数

jQuery 拥有 3 个用于 CSS 操作的重要函数。

$(selector).css(name,value)
$(selector).css({properties})
$(selector).css(name)

（1）css(name,value)函数为所有匹配元素的给定 CSS 属性设置值。

$(selcetor).css(name,value)

如

$("p").css("background-color","red");

（2）css({properties})函数同时为所有匹配元素的一系列 CSS 属性设置值。

$(selector).css({properties})

如

$("p").css({"background-color":"red","font-size":"200%"});

（3）css(name)函数返回指定的 CSS 属性的值。

$(selector).css(name)

如

$(this).css("background-color");

5. jQuery Size 操作

jQuery 拥有两个用于尺寸操作的重要函数。

$(selector).height(value)
$(selector).width(value)

jQuery 中用于 CSS 操作和 Size 操作的函数及其描述如表 4.5 所示。

表 4.5　jQuery 中用于 CSS 操作和 Size 操作的函数及其描述

函　　数	描　　述
$(selector).css(name,value)	为匹配元素设置样式属性的值
$(selector).css(properties)	为匹配元素设置多个样式属性
$(selector).css(name)	获得第一个匹配元素的样式属性值

续表

函　　数	描　　述
$(selector).height(value)	设置匹配元素的高度
$(selector).width(value)	设置匹配元素的宽度

4.2.5　综合实例：创建双色表

通过前面的学习，读者对 jQuery 的基础知识已经有了一定的了解。下面通过 jQuery 来建立一个双色表。双色表的源代码如下：

```
<!DOCTYPE html PUBLIC "-//W3C//DTD XHTML 1.0 Transitional//EN" "http://www.w3.org/TR/xhtml1/DTD/xhtml1-transitional.dtd">
<html xmlns="http://www.w3.org/1999/xhtml">
<head>
    <title>事件函数</title>
    <script src="Scripts/jquery-1.4.1.js" type="text/javascript"></script>
    <script type="text/javascript">
        $(document).ready(function () {
            $(".csstabtr").mouseover(function ()
{ $(this).addClass("over"); }).mouseout(function () { $(this).removeClass("over"); })
            $(".csstab tr:even").addClass("alt");
        });
    </script>
    <style type="text/css">
        th
        {
            background: #0066FF;
            color: #FFFFFF;
            line-height: 20px;
            height: 30px;
        }
        td
        {
            padding: 6px 11px;
            border-bottom: 1px solid #95bce2;
            vertical-align: top;
            text-align: center;
        }
         td *
        { padding: 6px 11px;}
        tr.alt td
        {   background: #ecf6fc; } /*这行将给所有的 tr 加上背景色*/
        tr.over td
        {
            background: #bcd4ec; /*这个将是鼠标高亮行的背景色*/
            cursor: pointer;
        }
    </style>
```

高等职业教育"十二五"规划教材

```
</head>
<body>
    <h3>用 jQuery 实现双色表格，鼠标移动到上面时，行变色！</h3>
    <form id="form1" runat="server">
    <div>
        <table width="400" class="csstab" cellspacing="0">
            <thead>
                <tr>
                    <th>姓名</th>
                    <th>年龄</th>
                    <th>性别</th>
                    <th>QQ</th>
                </tr>
            </thead>
            <tbody>
                <tr>
                    <td>opper</td>
                    <td>23</td>
                    <td>男</td>
                    <td>56791700</td>
                </tr>
                <tr>
                    <td>opper</td>
                    <td>23</td>
                    <td>男</td>
                    <td>56791700</td>
                </tr>
                <tr>
                    <td>opper</td>
                    <td>23</td>
                    <td>男</td>
                    <td>56791700</td>
                </tr>
                <tr>
                    <td>opper</td>
                    <td>23</td>
                    <td>男</td>
                    <td>56791700</td>
                </tr>
                <tr>
                    <td>opper</td>
                    <td>23</td>
                    <td>男</td>
                    <td>56791700</td>
                </tr>
                <tr>
                    <td>opper</td>
                    <td>23</td>
                    <td>男</td>
```

```
            <td>56791700</td>
          </tr>
        </tbody>
      </table>
    </div>
    </form>
</body>
</html>
```

程序的最终效果如图 4.5 所示。

用jQuery实现双色表格，鼠标移动到上面时，行变色！

姓名	年龄	性别	QQ
opper	23	男	56791700
opper	23	男	56791700
opper	23	男	56791700
opper	23	男	56791700
opper	23	男	56791700
opper	23	男	56791700

图 4.5　创建双色表

第5章 C#基本语法

.NET 框架是.NET 平台基础架构，它消除了各类编程语言之间的差别，从而实现了跨语言平台编程的能力。.NET 的这种能力主要来源于公共语言运行时（Common Language Runtime，CLR）和类库（Windows Forms，ADO.NET 和 ASP.NET）统一了各类语言类型，从而使各种编程语言间无缝集成成为可能。

C#（读 C sharp）语言就是微软为解决上述问题而设计的，它是微软公司为.NET 计划开发推出的核心编程语言。C#是一种现代的面向对象的程序开发语言，几乎综合了目前所有编程语言的优点，开发人员能够利用它在.NET 平台上快速开发种类丰富的应用程序，并可以转换为 Web 服务。

C#与其他语言的编译器不同，不论代码中是否有空格、回车符或 Tab 字符（这些字符统称为空白字符），C#编译器都不考虑这些字符。这样格式化代码时就有很大的自由度，但遵循某些规则将有助于代码阅读。

本章将具体介绍有关 C#语言的基本内容。

5.1 命名空间

先了解一下在 C#编程时所用到的命名空间（namespace）。在 C#的所有示例中都将使用命名空间，它是用来限定名称的解析和使用范围的。

使用 C#编程时通过两种方式来大量使用命名空间。首先，.NET Framework 使用命名空间来组织它的众多类，如下所示：

```
System.Console.WriteLine("Hello World!");
```

System 是一个命名空间，Console 是该命名空间中包含的类（如需了解类的内容可查阅相关资料）。如果使用 using 关键字则不必使用完整的名称，如下所示：

```
using System;
Console.WriteLine("Hello");
Console.WriteLine("World!");
```

其次，在较大的编程项目中声明自己的命名空间可以帮助控制类名称和方法名称的范围。使用 namespace 关键字可声明命名空间，用于声明一个范围，如示例一和示例二所示。

示例一：

```
namespace SampleNamespace
{
    class SampleClass
    {
```

```
            public void SampleMethod()
            {
                System.Console.WriteLine("SampleMethod inside SampleNamespace");
            }
        }
    }
```

示例二：

```
namespace SampleNamespace
{
    class SampleClass{}
    interface SampleInterface{}
    struct SampleStruct{}
    enum SampleEnum{a,b}
    delegate void SampleDelegate(int i);
    namespace SampleNamespace.Nested
    {
        class SampleClass2{}
    }
}
```

在一个命名空间中，可以声明一个或多个下列类型：

☑　另一个命名空间。

☑　类。

☑　接口。

☑　结构。

☑　枚举。

无论是否在 C#源文件中显式声明了命名空间，编译器都会添加一个默认的命名空间。该未命名的命名空间（有时称为全局命名空间）存在于每一个文件中。全局命名空间中的任何标识符都可用于命名的命名空间中。命名空间隐式具有公共访问权，并且这是不可修改的。

在两个或更多的声明中定义一个命名空间是可以的。

示例 3 将两个类定义为 MyCompany 命名空间的一部分。

示例 3：

```
namespace MyCompany.Proj1
{
    class MyClass
    {
    }
}
namespace MyCompany.Proj1
{
    class MyClass1
    {
    }
}
```

示例 4 显示了如何在嵌套的命名空间中调用静态方法。
示例 4：

```
using System;
namespace SomeNameSpace
{
    public class MyClass
    {
        static void Main()
        {
            Nested.NestedNameSpaceClass.SayHello();
        }
    }
    //一个嵌套的命名空间
    namespace Nested
    {
        public class NestedNameSpaceClass
        {
            public static void SayHello()
            {
                Console.WriteLine("Hello");
            }
        }
    }
}
```

输出：

Hello

提示

> using 关键字在 C#中的主要用途如下：
> （1）引用命名空间以减少输入。
> （2）为命名空间创建别名。
> （3）用于在限定范围结束后自动释放资源，如自动释放数据连接、事务句柄等。

从上面的几个示例中可看到，所有的示例都使用了 System 这个命名空间，其包含大量的系统方法和类，并且.NET 框架也是使用命名空间来组织和交流程序代码的。

5.2　类型和变量

C#语言作为一种新生语言与其他编程语言相比有以下几个突出特点：简洁的语法、面向对象的特点、与 Web 的紧密结合、安全性和错误处理、版本处理和灵活性与兼容性。基于 C#的这些特点和之前我们学过的语言，C#语言中变量关系到数据的存储。数据可放在变量中，也可以从变量中取出数据或查看它们。

如果使用未声明的变量代码不会编译，但此时编译器会提示发生了问题，所以这不是一个灾难性错误。另外使用未赋值的变量也会产生错误，编译器会检测出这个错误。

那么采用什么类型的变量将是一个重要问题。实际上可以使用的变量类型有无限多，原因是可以自己定义类型，存储各种复杂的数据。尽管如此，总有一些数据类型是每个人都要使用的，如存储数值的变量。因此应了解一些简单的预定义类型。

C#中有两种数据类型，即值类型（value type）和引用类型（reference type）。值类型的变量直接包含它们的数据，而引用类型的变量存储对它们的数据的引用，后者称为对象。对于引用类型，两个变量可能引用同一个对象，因此对一个变量的操作可能影响另一个变量所引用的对象。对于值类型，每个变量都有它们自己的数据副本（除 ref 和 out 参数变量外），因此对一个变量的操作不可能影响另一个变量。

C#语言值类型可以分为以下几种：

☑ 简单类型（simple types）。包括数值类型和布尔类型（bool）。数值类型又细分为整数类型、字符类型（char）、浮点数类型和十进制类型（decimal）。

☑ 结构类型（struct types）。

☑ 枚举类型（enumeration types）。

C#语言值类型变量无论如何定义，值类型变量不会变为引用类型变量。本节后续部分将重点讨论值类型。

5.2.1 简单类型

前面已经了解到，如果使用未声明的变量，那么代码将不会编译，所以本节介绍变量声明时的类型之一即简单类型。简单类型就是组成应用程序中基本组成部件的类型，如数值和布尔值（true 或 false）。大多数简单类型都是存储数值的。

数值类型过多的原因是在计算机内存中，把数字作为一系列的 1 和 0 来存储的机制。对于整数值用一定的位来存储，用二进制格式来表示。简单类型包括整数类型、字符类型、布尔类型、浮点数类型、十进制类型。表 5.1 所示为简单数据类型。

表 5.1　简单数据类型

保　留　字	System 命名空间中的名字	字　节　数	取　值　范　围
sbyte	System. Sbyte	1	−128~127
byte	System. Byte	1	0~255
short	System. Int16	2	−32768~32767
ushort	System.UInt16	2	0~65535
int	System. Int32	4	−2147483648~2147483647
uint	System.Uint32	4	0~4292967295
long	System.Int64	8	−9223372036854775808~9223372036854775808
ulong	System. UInt64	8	0~18446744073709551615
char	System.Char	2	0~65535

续表

保 留 字	System 命名空间中的名字	字 节 数	取 值 范 围
float	System.Single	4	3.4E-38~3.4E+38
double	System.Double	8	1.7E-308~1.7E+308
bool	System.Boolean		（true，false）
decimal	System.Decimal	16	$\pm1.0\times10^{-28}$~7.9×10^{28}
string	System.String		一组字符

表 5.1 中一些变量名称前面的 u 是 unsigned 的缩写，表示不能在这些类型的变量中存储负号。当然除了整数之外，还可以存储浮点数。可以使用的浮点数变量类型有 float、double、decimal、char、bool 和 string 类型。

提示

（1）简单类型还可以组成比较复杂的类型。

（2）bool 类型是 C#中最常用的一种变量类型，类似的类型在其他语言的代码中也非常丰富。

C#简单类型的使用方法和 C、C++中相应的数据类型基本一致，如下所示：

- ☑ 和 C 语言不同，无论在何种系统中，C#中每种数据类型所占字节数是一定的。
- ☑ 字符类型采用 Unicode 字符集，一个 Unicode 标准字符长度为 16 位。
- ☑ 整数类型不能隐式被转换为字符类型（char），如 char c1=10 是错误的，必须写成：char c1=(char)10，char c='A'，char c='\x0032'，char c='\u0032'。
- ☑ 布尔类型有两个值：false 和 true。不能认为整数 0 是 false，其他值是 true。bool x=1 是错误的，不存在这种写法，只能写成 x=true 或 x=false。
- ☑ 十进制类型（decimal）也是浮点数类型，只是精度比较高，一般用于财政金融计算。

5.2.2 变量及其作用域

5.2.1 小节讲解了 C#中变量的简单类型，本节将继续阐述变量是如何命名、如何声明及如何赋值的。已经了解到如果使用未声明的变量，代码不会编译，但此时编译器会提示发生了问题，所以这不是一个灾难性错误。另外，使用未赋值的变量也会产生错误，编译器会检测出这个错误。

1. 变量命名

与其他语言一样，不能把任意序列的字符作为 C#的变量名。基本的变量命名规则如下：

- ☑ 变量名只能由字母、数字和下划线组成，而不能包含空格、标点符号、运算符等其他符号。
- ☑ 变量名必须以字母开头。

☑ 变量名不能与 C#中的关键字名称相同。

☑ 变量名不能与 C#中的库函数名称相同。

变量命名时的注意事项如下:

☑ 变量名应该能够标识事物的特性,如用于存放姓名的字符串变量可使用 strName 命名。

☑ 变量名应使用英文单词,而不能为汉语拼音。

☑ 变量名尽量不使用缩写,除非它是众所周知的。

☑ 若在变量名中使用了多个单词,则应将每个单词的第一个字母大写,其他字母小写,如 IsSuperUser。

☑ 变量名应使用说明数据类型的前缀缩写,如 str、i 等。

☑ 变量名中的单词尽量使用名词。如有动词要尽量放在后面。

变量名是比较常用的,以前变量的命名是有争议的。变量有两种典型的命名方法,即骆驼表示法和匈牙利表示法。骆驼表示法以小写字母开头,以后的单词都以大写字母开头,如 myBook、theBoy、numOfStudent 等。最近比较流行的是匈牙利表示法,系统要求在每个变量名的前面加上一个表示数据类型的字符串前缀,所有单词的首字母均使用大写,其余部分使用小写。如 strName、iMyCar 等。其中类型前缀 str 表示 string 型,i 表示 int 型。更现代的语言如 C#灵活地实现了这些系统。与前面介绍的所有类型一样,可以用一两个字母前缀表示变量的类型。由于这种方法可以创建自己的类型,所以在.NET Framework 中这种方法不是很适用。

目前,在.NET Framework 命名空间中有两种命名约定,即 PascalCasing 和 camelCasing。在名称中使用的大小写表示它们的用途。它们都应用到由多个单词组成的名称中,并指定名称中的每个单词除了第一个字母大写外,其余字母都是小写。在 camelCasing 中,还有一个规则,即第一个单词以小写字母开头。

下面是 camelCasing 变量名:

age

firstName

timeOfDeath

下面是 PascalCasing 变量名:

Age

LastName

WinterOfDiscontent

Microsoft 建议:对于简单的变量使用 camelCasing 规则,而比较高级的命名则使用 PascalCasing 规则。

2. 变量声明和赋值

要使用变量,首先需要声明它们,即给变量指定名称和类型。声明了变量后,就可以把它们用作存储单元,存储声明了数据类型的数据。

声明变量的 C#语法是指定类型和变量名，如下所示：

<type><name>;

C#程序使用类型声明（type declaration）创建新类型。类型声明指定新类型的名称和成员。变量总是和变量名联系在一起，所以要使用的变量必须为声明变量。声明变量就是把存放数据的类型告诉程序，以便为变量安排内存空间。变量的数据类型可以对应所有基本数据类型。声明变量最简单的格式为：

数据类型名称　变量名列表；

例如：

```
int iage;             //声明一个整数型变量
float fResult;        //声明一个单精度浮点型变量
bool bOpen;           //声明一个布尔型变量
decimal decSalary;    //声明一个十进制变量
```

注意，变量在使用前，必须初始化上面的变量，声明语句可以用作初始化语句。在项目下添加如下代码：

```
static void main(string []    args)
{
    int myInteger;
    string myString;
    myInteger=17;
    myString="\" myInteger\" is";
    Console.WriteLine("{0} {1}.", myString, myInteger);
    Console.ReadKey();
}
```

上面的代码中完成了 3 项任务：（1）声明两个变量；（2）给这两个变量赋值；（3）将两个变量的值输出到控制台上。

5.3　类　型　转　换

前面介绍了 C#中变量的命名、声明和赋值等内容，现在讨论与变量相关的类型转换问题，即把数值从一种类型转换为另一种类型。掌握这些内容有助于更好地理解表达式中所用到的混合使用的类型，更好地控制处理数据的方式，有助于理解 C#环境下项目的后台代码，避免误解。

一般情况下，不同类型的变量使用不同的模式来表示数据。这意味着即使可以把一系列的位从一种类型的变量移动到另一种类型的变量中（占用空间也许相同，目标类型中也许有足够的存储空间包含所有源数据位），但结果可能与期望的不同，因为这是需要对数据进行类型转换的。

数据类型转换分隐式转换和显式转换两种形式。

5.3.1　隐式转换

隐式转换是指从一种类型到另一种类型的转换，一般是低类型向高类型转换，能够保证值不发生变化。隐式数值转换不需要任何工作，也不需要编写代码。在5.2.1节中已经简单介绍了变量的简单数据类型。下面将进一步介绍它们之间的转换关系，如表5.2所示。

表5.2　隐式转换表

转换原类型	转换新类型
sbyte	到 short、int、long、float、double 或 decimal
byte	到 short、ushort、int、uint、long、ulong、float double 或 decimal
short	到 int、long、float、double 或 decimal
ushort	到 int、uint、long、ulong、float、double 或 decimal
int	到 long、float、double 或 decimal
uint	到 long、ulong、float、double 或 decimal
long	到 float、double 或 decimal
ulong	到 float、double 或 decimal
char	到 ushort、int、uint、long、ulong、float、double 或 decimal
float	到 double

不需要刻意记住上面的转换类别，因为很容易看出编译器可以执行哪些隐式转换。表5.1中已经列出了每种简单数据类型的取值范围。根据隐式类型转换的定义可知，如果要把一个值放在变量中，而该值超出了变量的取值范围，就会出现问题。

提示

（1）不存在向 char 类型的隐式转换，因此其他整型的值不会自动转换为 char 类型。

（2）浮点型不能隐式地转换为 decimal 型。

（3）隐式数据类型转换适用于数值类型的数据之间。int、float 和 double 类型都属于数值类型。隐式数据类型转换应遵循以下规则才能实现。对于数值类型，任何数据类型 A，只要其取值范围完全包含在类型 B 的取值范围之内，就可以实现隐式类型转换。即整型数据（int）类型可以隐式转换为浮点型（float）和双精度型（double）数据。浮点型（float）数据可以隐式转换为双精度（double）型数据。

5.3.2　显式转换

1. 显式转换的概念和基本类型

显式转换是指只能在某些情况下进行类型的转换，规则比较复杂，也称为强制类型转换，但是不能保证数据的正确性。可以看出，此转换不能用已知的隐式数值转换来实现，具体转换类型如表5.3所示。

表 5.3　显式转换表

转换原类型	转换新类型
sbyte	到 byte、ushort、uint、ulong 或 char
byte	到 sbyte 和 char
short	到 sbyte、byte、ushort、uint、ulong 或 char
ushort	到 sbyte、byte、short 或 char
int	到 sbyte、byte、short、ushort、uint、ulong 或 char
uint	到 sbyte、byte、short、ushort、int 或 char
long	到 sbyte、byte、short、ushort、int、uint、ulong 或 char
ulong	到 sbyte、byte、short、ushort、int、uint、long 或 char
char	到 sbyte、byte 或 short
float	到 sbyte、byte、short、ushort、int、uint、long、ulong、char 或 decimal
double	到 sbyte、byte、short、ushort、int、uint、long、ulong、char、float 或 decimal
decimal	到 sbyte、byte、short、ushort、int、uint、long、ulong、char、float 或 double

由于显式数值转换有可能丢失信息或引发异常，所以显式数值转换按下面所述处理。

（1）对于从一个整型到另一个整型的转换，处理取决于该转换发生时的溢出检查。

（2）在 checked 上下文中，如果源操作数的值在目标类型的范围内，转换就会成功；但如果源操作数的值在目标类型的范围外，则会引发 System.OverflowException。

（3）在 unchecked 上下文中，转换总是会成功并按下面所述进行：

如果源类型大于目标类型则截断源值（截去源值中容不下的最高有效位），然后将结果视为目标类型的值。如果源类型小于目标类型则源值或按符号扩展或按零扩展，以使它的大小与目标类型相同。如果源类型是有符号的，则使用按符号扩展；如果源类型是无符号的，则使用按零扩展，然后将结果视为目标类型的值。如果源类型的大小与目标类型相同，则源值被视为目标类型的值。

（4）对于从 decimal 到整型的转换，源值向零舍入到最接近的整数值，该整数值成为转换的结果。如果转换得到的整数值不在目标类型的范围内，则会引发 System.OverflowException。

（5）对于从 float 或 double 到整型的转换，处理取决于发生该转换时的溢出检查。

（6）在 checked 上下文中，按下面所述进行转换：

如果操作数的值是 NaN 或无穷大，则引发 System.OverflowException。否则，源操作数会向零舍入到最接近的整数值。如果该整数值处于目标类型的范围内，则该值就是转换的结果，否则引发 System.OverflowException。

（7）在 unchecked 上下文中，转换总是会成功并按下面所述继续进行：

如果操作数的值是 NaN 或 infinite，则转换的结果是目标类型的一个未经指定的值。否则，源操作数会向零舍入到最接近的整数值。如果该整数值处于目标类型的范围内，则该值就是转换的结果。否则，转换的结果是目标类型的一个未经指定的值。

（8）对于从 double 到 float 的转换，double 值舍入到最接近的 float 值。如果 double 值过小，无法表示为 float 值，则结果变成正零或负零。如果 double 值过大，无法表示为 float 值，则结果变成正无穷大或负无穷大。如果 double 值为 NaN，则结果仍然是 NaN。

（9）对于从 float 或 double 到 decimal 的转换，源值转换为用 decimal 形式来表示，并且在需要时将它在第 28 位小数位数上舍入到最接近的数字。如果源值过小，无法表示为 decimal，则结果变成零。如果源值为 NaN、无穷大或者太大而无法表示为 decimal 值，则将引发 System.OverflowException。

（10）对于从 decimal 到 float 或 double 的转换，decimal 值舍入到最接近的 double 或 float 值。虽然这种转换可能会损失精度，但决不会导致引发异常。

5.3.1 节中，隐式转换不需要额外的代码，但显式转换需要编写额外代码，如果未进行编写显式转换的代码，编译器就会报错，C#编译器就可以检测出有没有进行显式转换。例如：

```
using system;
class Test
{
    static void Main(){
        long longValue=Int64.MaxValue;
        int intValue=(int)longValue;
        Console.WriteLine("(int){0}={1}",longValue,intValue);
    }
}
```

这个例子把一个 int 类型转换成为 long 类型，输出结果是：

(int)9223372036854775807=−1

这是因为发生了溢出，从而在显式类型转换时导致了信息丢失。

从上面的例子可以看出，显式类型转换不能保证转换结果的正确性。

2．使用 convert 命令进行显式转换

表 5.4 所示为 convert 命令转换表。

表 5.4　convert 命令转换表

命　　　令	结　　　果
Convert.ToBoolean(var)	var 转换为 bool
Convert.ToByte(var)	var 转换为 byte
Convert.ToChar(var)	var 转换为 char
Convert.ToDecimal(var)	var 转换为 decimal
Convert.ToDouble(var)	var 转换为 double
Convert.ToInt16(var)	var 转换为 short
Convert.ToInt32(var)	var 转换为 int
Convert.ToInt64(var)	var 转换为 long
Convert.ToSByte(var)	var 转换为 sbyte
Convert.ToSingle(var)	var 转换为 float
Convert.ToString(var)	var 转换为 string
Convert.ToUInt16(var)	var 转换为 ushort
Convert.ToUInt32(var)	var 转换为 uint
Convert.ToUInt64(var)	var 转换为 ulong

其中，var 可以是各种类型的变量（如果这些命令不能处理该类型的变量，编译器会告诉用户）。注意，如表 5.4 所示，转换的名称略不同于 C#类型名称，例如，要转换为 int，应使用 Convert.ToInt32()。为什么会出现如此情况？这是由于这些命令来自于.NET Framework 的 System 命名空间而不是 C#本身，这样它们就可以在除 C#之外的其他.NET 兼容语言中使用了。

例如，如果使用 Convert.ToDouble()把字符串 Number 转换为一个 double 值，执行代码，就会弹出如图 5.1 所示的对话框。

```
Format Exception was unhandled.

Input string was not in a correct format.

Troubleshooting tips:

Make sure your method arguments are in the right format.
When converting a string to DataTime,parse the string to take the date before putting each variable into the DateTime object.
Get general help for this exception.

Search for more Help Online···

Action:
View Detail···
Copy exception detail to the clipboard
```

图 5.1　弹出对话框

由对话框内容可看出执行失败。为了成功执行这种类型的转换，所提供的字符串必须是数值的有效表达方式，该数还必须是不会溢出的数。

5.4　复杂变量类型

前面介绍的都是 C#提供的简单变量类型，本节将继续介绍 C#中略显复杂的变量类型，即枚举类型、结构和数组。

5.4.1　枚举类型

枚举类型（也称为枚举）为定义一组可以赋给变量的命名整数常量提供一种有效的方法。例如，假设必须定义一个变量，该变量的值表示一周中的一天。该变量只能存储 7 个有意义的值。若要定义这些值可以使用枚举类型。枚举类型是使用 enum 关键字声明的。

默认情况下，枚举类型中每个元素的基础类型是 int。可以使用冒号指定另一种整数值类型，例如：

```
enum Days { Sunday, Monday, Tuesday, Wednesday, Thursday, Friday, Saturday };
enum Months : byte { Jan, Feb, Mar, Apr, May, Jun, Jul, Aug, Sep, Oct, Nov, Dec };
```

以下是使用枚举而不使用数值类型的好处：

（1）明确为客户端代码指定哪些值是变量的有效值。

（2）在 Visual Studio 中，IntelliSense 列出定义的值。

如果未在枚举数列表中指定元素的值，则值将自动按 1 递增。在上面的示例中，Days.Sunday 的值为 0，Days.Monday 的值为 1，依此类推。创建新的 Days 对象时，如果不显式地为其赋值，则它将具有默认值 Days.Sunday(0)。创建枚举时应选择最合理的默认值并赋给它一个零值。这样只要在创建枚举时未为其显式地赋值，则所创建的全部枚举都将具有该默认值。

如果变量 meetingDay 的类型为 Days，则只能将 Days 定义的某个值赋给它（无须显式强制转换）。如果会议日期更改，可以将 Days 中的新值赋给 meetingDay：

```
Days meetingDay = Days.Monday;
meetingDay = Days.Friday;
```

可以将任意整数值赋给 meetingDay。例如，代码行"meetingDay = (Days) 42"不会产生错误。但也不应该这样做，因为默认约定的是枚举变量只容纳枚举定义的值之一。将任意值赋给枚举类型的变量很有可能会导致错误。

可以使用枚举类型定义位标志，从而使该枚举类型的实例可以存储枚举数列表中定义的值的任意组合。（当然，某些组合在程序代码中可能没有意义或不允许使用。）

创建位标志枚举的方法是应用 System.FlagsAttribute 特性并适当定义一些值，以便可以对这些值执行 AND、OR、NOT 和 XOR 按位运算。在位标志枚举中包含一个值为零（表示"未设置任何标志"）的命名常量。如果零值不表示"未设置任何标志"，则请不要为标志指定零值。

在下面的示例中，定义了 Days 枚举的另一个版本，命名为 Days2。Days2 具有 Flags 特性，且它的每个值都是 2 的若干次幂，指数依次递增，这样将能够创建值为 Days2.Tuesday 和 Days2.Thursday 的 Days2 变量。

```
enum Days2
{
    None = 0x0,
    Sunday = 0x1,
    Monday = 0x2,
    Tuesday = 0x4,
    Wednesday = 0x8,
    Thursday = 0x10,
    Friday = 0x20,
    Saturday = 0x40
}
class MyClass
{
    Days2 meetingDays = Days2.Tuesday | Days2.Thursday;
}
```

若要在某个枚举上设置标志，请使用按位 OR 运算符，例如：

```
meetingDays = Days2.Tuesday | Days2.Thursday;
meetingDays = meetingDays | Days2.Friday;
Console.WriteLine("Meeting days are {0}", meetingDays);
meetingDays = meetingDays ^ Days2.Tuesday;
Console.WriteLine("Meeting days are {0}", meetingDays);
```

若要确定是否设置了特定标志，请使用按位 AND（与）运算，例如：

```
bool test = (meetingDays & Days2.Thursday) == Days2.Thursday;
Console.WriteLine("Thursday {0} a meeting day.", test == true ? "is" : "is not");
```

提示

（1）可以将任意值赋给枚举类型的枚举数列表中的元素，也可以使用计算值：

```
enum MachineState
{
    PowerOff = 0,
    Running = 5,
    Sleeping = 10,
    Hibernating = Sleeping + 5
}
```

（2）所有枚举都是 System.Enum 类型的实例。不能从 System.Enum 派生新类，但可以使用它的方法发现有关枚举实例中的值的信息以及操作这些值。

5.4.2　结构

结构是一种值类型。创建结构时结构赋值到的变量保存该结构的实际数据。将结构赋给新变量时将复制该结构。因此，新变量和原始变量包含同一数据的两个不同的副本。对一个副本的更改不影响另一个副本。

下面的示例在 ProgrammingGuide 命名空间的顶级使用 3 个成员定义了 MyCustomClass。在 Program 类的 Main 方法中创建了 MyCustomClass 的一个实例（对象），并使用点表示法访问该对象的方法和属性。

```
namespace ProgrammingGuide
{
    //定义类 MyCustomClass
    public class MyCustomClass
    {
        public int Number { get; set; }
        //用到的方法
        public int Multiply(int num)
        {
            return num * Number;
        }
        public MyCustomClass()
        {
```

```
            Number = 0;
        }
    }
    //定义另一个类（Program），包括主要的方法
    class Program
    {
        static void Main(string[] args)
        {
            //定义类的对象
            MyCustomClass myClass = new MyCustomClass();
            myClass.Number = 27;
            int result = myClass.Multiply(4);
        }
    }
}
```

像类一样结构（struct）是能够包含数据成员和函数成员的数据结构，但是与类不同，结构是值类型，不需要堆分配。结构类型的变量直接存储该结构的数据，而类类型的变量则存储对动态分配的对象的引用。结构类型不支持用户指定的继承，并且所有结构类型都隐式地从类型 object 继承。

结构对于具有值语义的小型的数据结构特别有用。复数、坐标系中的点或字典中的"键-值"对都是结构的典型示例。对小型数据结构而言，使用结构而不使用类会大大节省应用程序分配的内存量。

5.4.3 数组

数组是一种数据结构，它包含若干相同类型的变量。数组是使用类型声明的：

type[] arrayName;

数组具有以下属性：
- ☑ 数组可以是一维、多维或交错的。
- ☑ 数值数组元素的默认值设置为零，而引用元素的默认值设置为 null。
- ☑ 交错数组是数组的数组，因此其元素是引用类型并初始化为 null。
- ☑ 数组的索引从零开始：具有 n 个元素的数组的索引是从 0 到 n-1。
- ☑ 数组元素可以是任何类型，包括数组类型。
- ☑ 数组类型是从抽象基类型 Array 派生的引用类型。由于此类型实现了 IEnumerable 和 IEnumerable<T>，因此可以对 C#中的所有数组使用 foreach 迭代。

下面的示例将创建一维、多维和交错数组：

```
class TestArraysClass
{
    static void Main()
    {
        //声明一个一维空数组
```

```
        int[] array1 = new int[5];
        //赋值
        int[] array2 = new int[] { 1, 3, 5, 7, 9 };
        int[] array3 = { 1, 2, 3, 4, 5, 6 };
        //声明一个二维空数组
        int[,] multiDimensionalArray1 = new int[2, 3];
        //赋值
        int[,] multiDimensionalArray2 = { { 1, 2, 3 }, { 4, 5, 6 } };
        //声明一个多维空数组
        int[][] jaggedArray = new int[6][];
        jaggedArray[0] = new int[4] { 1, 2, 3, 4 };
    }
}
```

在进行批量处理数据时要用到数组。数组是一组类型相同的有序数据。数组按照数组名、数据元素的类型和维数来进行描述。C#语言中数组是 System.Array 类对象，如声明一个整型数组"int[] arr=new int[5];"实际上生成了一个数组类对象，arr 是这个对象的引用（地址）。在 C#中数组可以是一维的也可以是多维的，同样也支持数组的数组，即数组的元素还是数组。一维数组最为普遍，用的也最多。下面是一个一维数组的例子：

```
using System;
class Test
{
    static void Main()
    {
        int[] arr=new int[3];                  //用 new 运算符建立一个 3 个元素的一维数组
        for(int i=0;i<arr.Length;i++)          //arr.Length 是数组类变量，表示数组元素个数
            arr[i]=i*i;                        //数组元素赋初值，arr[i]表示第 i 个元素的值
        for(int i=0;i<arr.Length;i++)          //数组第一个元素的下标为 0
            Console.WriteLine("arr[{0}]={1}",i,arr[i]);
    }
}
```

这个程序创建了一个 int 类型包含 3 个元素的一维数组，初始化后逐项输出。其中，arr.Length 表示数组元素的个数。注意，数组定义不能写为 C 语言格式：int arr[]。程序的输出结果为：

```
arr[0] = 0
arr[1] = 1
arr[2] = 4
```

上面的例子中使用的是一维数组，下面介绍多维数组：

```
string[] a1;              //一维 string 数组类引用变量 a1
string[,] a2;             //二维 string 数组类引用变量 a2
a2=new string[2,3];
a2[1,2]="abc";
string[,,] a3;            //三维 string 数组类引用变量 a3
string[][] j2;            //数组的数组，即数组的元素还是数组
string[][][][] j3;
```

在数组声明时，可以对数组元素进行赋值。例如：

```
int[] a1=new int[]{1,2,3};          //一维数组，有 3 个元素
int[] a2=new int[3]{1,2,3};         //此格式也正确
int[] a3={1,2,3};                   //相当于 int[] a3=new int[]{1,2,3};
int[,] a4=new int[,]{{1,2,3},{4,5,6}};   //二维数组，a4[1,1]=5
int[][] j2=new int[3][];            //定义数组 j2，有 3 个元素，每个元素都是一个数组
j2[0]=new int[]{1,2,3};             //定义第一个元素，是一个数组
j2[1]=new int[]{1, 2, 3, 4, 5, 6};  //每个元素的数组可以不等长
j2[2]=new int[]{1, 2, 3, 4, 5, 6, 7, 8, 9};
```

上面介绍了数组的相关知识，要求读者熟练掌握本节内容。

5.5 表 达 式

前面详细介绍了变量是如何声明、如何赋值及如何初始化的，下面在介绍如何处理这些变量之间的关系时用到了表达式。

表达式（expression）由操作数（operand）和运算符（operator）构成。表达式的运算符指示对操作数进行什么样的运算。运算符的示例包括+、−、*、/和 new。操作数的示例包括文本（literal）、字段、局部变量和表达式。若表达式中包含多个运算符，运算符的优先级（precedence）控制各运算符的计算顺序。例如，表达式 x + y * z 按 x + (y * z)计算，因为*运算符的优先级高于+运算符。

大多数运算符都可以重载（overload）。运算符重载允许指定用户定义的运算符执行运算，这些运算的操作数中至少有一个，甚至所有都属于用户定义的类类型或结构类型。一个表达式就是指定一个计算的一系列操作符和操作数。本节将学习表达式的内容和求值的顺序。

1. 表达式分类

一个表达式的组成部分可分为以下几种：

（1）一个数值。每个数值都有相应的类型。

（2）一个变量。每个变量都有相关的类型，也就是变量声明的类型。

（3）一个命名空间。通过这种归类的一个表达式只能表现为一个成员访问的着手部分。在任何其他上下文中，一个表达式被分类为一个命名空间会造成错误。一个方法组，这是一系列由成员查找产生的重载方法。一个方法组可以有相关的实例表达式。当调用一个实例方法时，对实例表达式的求值的结果就变成用 this 修饰的实例。一个方法组只允许用于一个调用表达式或一个创建代表表达式中。在任何其他上下文中一个表达式被分类为一个方法组会造成错误。

一个属性访问，每个属性访问都有相应的类型也就是属性的类型。此外，一个属性访问也可以有一个相关的实例表达式。当一个实例属性访问的访问程序（get 或 set 模块）被

调用时，对实例表达式的求值就变为用 this 修饰的实例。每个事件访问都有相应的类型，也就是事件的类型。此外，一个事件访问也可以有一个相关的实例表达式。一个事件访问可能被表现为+=和-=操作符的操作数的左手部分。在任何其他上下文中，一个表达式被分类为一个事件访问会造成错误。每个索引访问都有相应的类型，也就是索引的类型。此外，一个索引访问也可以有一个相关的实例表达式和一个相关的参数列表。当一个索引访问的访问程序（get 或 set 模块）被调用时，对实例表达式的求值就变为用 this 修饰的参数列表空。这发生在表达式是一个返回类型为 void 的方法的调用时。一个表达式被分类为空只在语句表达式的文字中有效。一个表达式的最后结果不会是一个命名空间、类型、方法组或是事件访问。而且，如前面所述，这些表达式的分类只是一个中间结构，只允许在某些地方存在。一个属性访问或索引访问总是在执行一个对 get 访问符或 set 访问符时作为数值被重分类。特殊的访问符由属性或者索引访问的上下文决定：如果访问的目的是赋值，set 访问符就被调用来赋新的数值；否则，get 访问符被调用来获得当前的数值。

2. 表达式的数值

大多数涉及一个表达式的结构时基本上都需要表达式给出一个数值。在那样的情况下，如果实际表达式给出一个命名空间、一个类型、一个方法组或空，就会产生错误。然而，如果表达式表示一个属性访问、一个索引访问或是一个变量，属性、索引或变量的值就会被隐含地替代。

（1）变量的数值就是当前存储在由变量指定的存储位置的数值。一个变量必须在它的数值可以被获得前明确赋值，否则就会产生一个编译时的错误。

（2）属性访问表达式的数值通过调用属性的 get 访问符来获得。如果属性没有 get 访问符，就会产生错误。否则，就会执行一个函数成员的调用，而且调用的结果变为属性访问表达式的数值。

（3）索引访问表达式的数值通过调用索引的 get 访问符来获得。如果索引没有 get 访问符，就会产生错误。否则，就会执行一个与属性访问表达式相关的参数列表的函数成员的调用，而且调用的结果变为属性访问表达式的数值。

3. 操作符

表达式由操作数和操作符来构造。表达式的操作符指示出对操作数采取哪种操作。操作符的例子包括+、-、*、/和 new。操作数的例子包括文字、域、局部变量和表达式。

这里共有 3 种类型的操作符：

（1）一元操作符。一元操作符有一个操作数，即使用前缀符号（如-x）或者使用后缀符号（如 x++）。

（2）二元操作符。二元操作符有两个操作数，即使用中间符号（如 x+y）。

（3）三元操作符。只有一个三元操作符? :。三元操作符有 3 个操作数并且使用中间符号（如 c?x:y）。表达式中操作符求值的顺序由操作符的优先级和结合顺序决定。一些操作符可以被重载。操作符重载允许指定用户定义操作符的执行，这里一个或多个操作数为用户定义的类或结构类型。

4. 操作符优先级和结合顺序

当一个表达式包含多个操作符时，操作符的优先级将控制单个操作符求值的顺序。例如，表达式 x+y*z 被求值为 x+(y*z)，因为*操作符比+操作符有更高的优先级。操作符的优先级是由与它相关的语法创建确定的。例如，由一个乘法表达式序列组成的加法表达式被+或-分开，这时就会给+或-比*、/和%操作符低一些的优先级。

所有操作符的优先级如表 5.5 所示。

表 5.5 操作符优先级表

操作符种类	操作符号
一元	+, -, !, ~, ++, --, (T)x
乘法	*, /, %
加法	+, -
移位	<<, >>
相等	==, !=
逻辑与	&
逻辑异或	^
逻辑或	|
条件与	&&
条件或	||
三元	?:
赋值	*=, /=, %=, +=, -=, <<=, >>=, &=, ^=, |=

当一个操作数在两个有相同优先级的操作符中间时，操作符的结合顺序控制操作按下面要求实现：

（1）除了赋值操作符，所有二元操作符都是左结合的，意思就是操作从左向右完成。例如，x+y+z 被求值为(x+y)+z。

（2）赋值操作符和条件操作符都是右结合的，意思就是操作从右向左完成。例如，x=y=z 被求值为 x=(y=z)。优先级和结合顺序可以通过使用括号来控制。如 x+y*z 先把 y 和 z 相乘，然后再把结果和 x 相加，但是(x+y)*z 先把 x 和 y 相加，然后再把结果和 z 相乘。

5. 操作符重载

所有一元和二元操作符都有预定义的执行方式，在任何表达式中都会自动实行。除了预定义的执行方式外，用户定义的执行方式可以通过包括类和结构中的操作符声明来引入。用户定义的操作符执行通常比预定义操作符声明的优先级高，只有当没有可使用的用户定义的操作符执行存在时才会考虑预定义的操作符执行。

可重载一元操作符有：+、-、!、~、++、--、true、false。

可重载二元操作符有：+、-、*、/、%、&、\|、^、<<、>>、==、!=、>、<、>=、<=。

只有上面列出的操作符可以被重载。另外，不能重载成员访问、方法调用或=、&&、\|\|、?:、new、typeof、sizeof 和 is 操作符。当一个二元操作符被重载，相应的赋值操作符也被隐式地重载。例如，一个操作符*的重载同时也是操作符*=的重载。注意赋值操作符自己

（＝）不能被重载。一个赋值通常把一个数值的位方式的赋值放到变量里。

5.6　流程控制结构

从之前学习的代码中可看到，C#语言有一个共同点：程序的执行都是一行接着一行、自上而下运行不遗漏任何代码。但是，若所有程序都按这样的顺序执行，则大量的工作将会受到限制。语句是程序中最小的程序指令。C#语言中可以使用多种类型的语句，每一种类型的语句又可以通过多个关键字实现。C#语言中使用的语句如表 5.6 所示。本节将重点介绍 C#中语句的执行顺序，即流程控制。

表 5.6　C#语言中使用的语句

类　别	关　键　字
选择语句	if、else、swith、case
循环语句	do、for、foreach、in、while
跳转语句	break、continue、default、goto、return
异常处理语句	throw、try-catch、try-finally
检查和未检测语句	checked、unchecked
非保护和固定语句	unsafe、fixed
锁定语句	lock

5.6.1　选择语句

选择语句根据某个条件是否成立来控制程序的执行流程。

1. if-else 语句

if-else 语句根据 Boolean 表达式的值选择要执行的语句。其语法结构如下：

```
if (expression)
    statement1
else
    statement2
```

其中，expression 是 bool 类型的表达式，或者是可以隐式转换为 bool 类型的表达式，也可以是重载了 true 和 false 操作符的类型的表达式。statement1 是当 expression 为 true 时将要执行的语句。statement2 是当 expression 为 false 时将要执行的语句。

如果想要执行的语句不止一个，可以通过使用 {} 将多个语句包含在块中，有条件地执行多个语句。这里的语句可以是任何类型的，包括嵌套在其中的另一个 if 语句。在嵌套的 if 语句中，else 子句将和离得最近的且没有 else 子句关联的 if 语句关联。例如：

```
if (x > 10)
    if (y > 20)
        Console.Write("Statement_1");
```

```
else
    Console.Write("Statement_2");
```

在此例中,如果条件(y > 20)为 false,将显示 Statement_2。但如果要使 Statement_2 与条件(x > 10)关联,则使用大括号:

```
if(x > 10)
{
 if(y > 20)
    Console.Write("Statement_1");
}
else
  Console.Write("Statement_2");
```

在此例中,如果条件(x > 10)为 false,将显示 Statement_2。

还可以扩展 if 语句,使用 else-if 排列来处理多个条件:

```
if(Condition_1)
    Statement_1;
else if(Condition_2)
    Statement_2;
else if(Condition_3)
    Statement_3;
    …
else
    Statement_n;
```

其中,Condition_n 表示条件语句。Statement_n 表示条件 n 成立时要执行的语句。

2. switch-case 语句

switch 语句是通过将控制传递给其内部的一个 case 语句来处理多个选择的流程控制语句。其语法结构如下:

```
switch(<testVar>)
{
    case <comparisonVal1>:
        <如果<testVar>等于<comparisonVal1>时执行的语句>
        break;
    case <comparisonVal2>:
        <如果<testVar>等于<comparisonVal2>时执行的语句>
        break;
     …
    case <comparisonValN>:
        <如果<testVar>等于<comparisonValN>时执行的语句>
        break;
    default:
        <如果没有与<testVar>匹配的<comparisonValX>时执行的语句>
        break;
}
```

<testVar>中的值与 case 语句中指定的每个<comparisonValX>值进行比较，如果有一个匹配就执行为该匹配提供的语句。如果没有匹配就执行 default 部分中的代码。执行完每个部分中的代码后，还须有一个 break 语句。在执行完一个 case 块后，再执行第二个 case 语句是非法的。break 语句将中断 switch 语句的执行，而执行该结构后面的语句。

还有另一种方法可以防止程序流程从一个 case 语句转到下一个 case 语句。可以使用 return 语句，也可以使用 goto 语句，因为 case 语句实际上是在 C#代码中定义标签。

一个 case 语句处理完后，不能自由进入下一个 case 语句，但有一个例外。如果把多个 case 语句放（堆叠）在一起，其后加一行代码实际上是一次检查多个条件。如果满足这些条件中的任何一个就会执行代码，例如：

```
//statements_switch2.cs
using System;
class SwitchTest
{
    static void Main()
    {
        int n = 2;
        switch(n)
        {
        case 1:
        case 2:
        case 3:
            Console.WriteLine("It's 1, 2, or 3.");
            break;
        default:
            Console.WriteLine("Not sure what it is.");
            break;
        }
    }
}
```

输出：

It's 1, 2, or 3.

每个<comparisonValX>都必须是一个常量。一种方式是提供字面值，另一种方式是使用常量。在这里使用常量可读性更好。

5.6.2　循环语句

使用循环语句可以让程序多次执行相同的代码或代码块，这些代码或代码块称为循环体。对于任何一个循环体来说都应该提供一个跳出循环的条件，不同的循环语句提供不同的条件。

C#语言中提供了以下 4 种循环语句。

1. do-while 语句

do-while 语句重复执行括在{}里的一个语句或语句块，直到指定的表达式为 false 时为止。其语法结构如下：

```
do
{
   Statement
} while (expression);
```

其中，expression 为 bool 类型的表达式，或者是可以隐式转换成 bool 类型的表达式，也可以是重载 true 和 false 操作符的类型的表达式，用来测试循环是否终止。Statement 是需要循环执行的语句。

do-while 结构先执行循体语句，然后判断 while 条件是否为 true。如果为 true，将循环执行；如果为 false，则退出循环。因此 do-while 循环结构中的语句至少要执行一次。while 语句后面的分号是必需的。

下面示例中，只要变量 y 小于 5，do 循环语句就开始执行。

```
//statements_do.cs
using System;
public class TestDoWhile
{
   public static void Main()
   {
    int x = 0;
    do
    {
       Console.WriteLine(x);
        x++;
    }
    while(x < 5);
   }
}
```

输出：

```
0
1
2
3
4
```

2. for 语句

for 语句通常用来让一条语句或一个语句块执行一定的次数。其语法结构如下：

```
for([initializers]; [expression]; [iterators])
{
```

```
Statement
}
```

其中，initializers 表示初始化循环计数器，如果有多个变量需要初始化，可用逗号隔开。expression 是 bool 类型的表达式，用来测试循环是否终止。iterators 表示增大或减少循环计数器的值。Statement 是需要循环执行的语句。

其执行流程为：

（1）初始化 initializers。

（2）检查 expression。如果为 true 执行 Statement，并重新计算循环计数器的值。如果为 false 则退出循环。

（3）返回上一步，继续执行。

因为对 expression 的测试是在循环体执行之前，所以 for 语句可执行 0 次或多次。

for 语句的所有表达式都是可选的，例如，下列语句用于写一个无限循环：

```
for (;;)
{
    ...
}
```

示例：

```
//statements_for.cs
//for loop
using System;
class ForLoopTest
{
    static void Main()
    {
        for (int i = 1; i <= 5; i++)
        {
            Console.WriteLine(i);
        }
    }
}
```

输出：

```
1
2
3
4
5
```

3. foreach-in 语句

foreach-in 语句为数组或对象集合中的每个元素执行一遍循环体。通常用来遍历某个集合以获取所需信息，但不应用于更改集合内容以避免产生不可预知的副作用。其语法结构如下：

```
foreach(type identifier in expression)
{
    Staterment
}
```

其中，type 表示 identifier 的类型。identifier 表示集合元素的循环变量。expression 表示对象集合或数组表达式。集合元素的类型必须可以转换成 identifier 的类型。Staterment 表示需要循环执行的语句。

对于数组或集合中的每个元素，循环体都将执行一次。遍历完所有的元素后程序将退出 foreach 块执行后面的语句。

（1）foreach 在数组中的使用

该语句提供一种简单明了的方法来循环访问数组的元素。

例如，下面的代码创建一个名为 numbers 的数组，并用 foreach 语句循环访问该数组：

```
int[] numbers = { 4, 5, 6, 1, 2, 3, -2, -1, 0 };
foreach(int i in numbers)
{
    System.Console.WriteLine(i);
}
```

对于多维数组，使用嵌套的 for 循环可以更好地控制数组元素。

（2）foreach 在集合中的使用

当对集合使用 foreach 语句时，该集合必须满足一定的条件。

例如下面的 foreach 语句：

```
foreach(ItemType item in myCollection)
```

myCollection 必须满足下面的要求：

☑ 集合类型必须是 interface、class 或 struct。

☑ 必须包括一个名叫 GetEnumerator 的实例方法，该方法返回一个类型，如 Enumerator。

☑ 类型 Enumerator（类或结构）必须包含一个名为 Current 的属性。类型为 ItemType 或可以转换成 ItemType 的类型。它的属性访问器返回集合中的当前元素。一个名叫 MoveNext 的方法，该方法用于增加计数器的值，如果集合中的元素个数小于计数器的值，该方法返回 true，否则返回 false。

4．while 语句

当 while 语句中的判断条件为 true 时，循环体将一直循环执行。其语法结构如下：

```
while(expression)
{
    Statement
}
```

其中，expression 表示 bool 类型的表达式，用来测试循环是否终止。Statement 表示需要循环执行的语句。

　　while 语句和 do-while 语句不同，do-while 是先执行循环体再判断条件，而 while 是先判断条件。如果条件为 true，则执行循环体，否则将跳过循环体执行 while 块后面的代码。因此，while 语句中的循环体可能执行 0 次或多次。

　　在 while 循环体中，可以使用 break、goto、return 或 throw 语句跳出循环。如果要跳转到下一次循环，可在循环体中使用 continue 语句。

　　示例：

```
//statements_while.cs
using System;
class WhileTest
{
    static void Main()
    {
        int n = 1;
        while(n < 6)
        {
            Console.WriteLine("Current value of n is {0}", n);
            n++;
        }
    }
}
```

　　输出：

```
Current value of n is 1
Current value of n is 2
Current value of n is 3
Current value of n is 4
Current value of n is 5
```

　　本节解释了如何使用 C#中提供的各种选择和循环语句。if 语句在应用程序中可能是最为常用的语句。当在布尔表达式中使用计算时编译器会为你留意。但是，一定要确保条件语句的短路不会阻止必要代码的运行。switch_case 语句——尽管同样与 C 语言的相应部分相似——但也被改善了，直到不再被支持。而且可以使用字符串标签，对于 C 程序员，这是一种新的用法。5.6.2 节说明了如何使用 for、foreach、while 和 do 语句。语句完成各种需要，包括执行固定次数的循环、列举元素和执行基于某些条件的任意次数的语句。

第6章 ASP.NET 页面

ASP.NET 是.NET Framework 的一部分。在通过 HTTP 请求建立文档时，它可以在 Web 服务器上动态创建文档。该文档主要是 HTML 和 XHTML 文档，但也可以创建 XML 文档、CSS 文件、图像、PDF 文档，或者支持 MIME 类型的文档。

在某些方面，ASP.NET 类似于许多其他技术，如 PHP、ASP、ColdFusion 等，但它们有一个重要的区别，即 ASP.NET 可以与.NET Framework 完全集成，包含了对 C#的支持。

用户可能使用过动态生成内容的 ASP 技术。这种技术使用脚本语言，如 VBScript 或 JScript 来编程，结果却不是很好。但对于那些习惯于"正确的"已编译编程语言的人来说，这种技术很笨拙，肯定会导致性能的损失。

与更高级的编程语言相比，一个主要区别是 ASP.NET 提供了完整的服务器端对象模型，可以在运行期间使用。ASP.NET 可以在其环境中把页面上的所有控件作为对象来访问。在服务器端，还可以访问其他.NET 类，与许多有用的服务集成起来。在页面上使用的控件有许多功能，实际上可以完成 Windows Forms 类的几乎所有功能，有非常大的灵活性。因此，生成 HTML 内容的 ASP.NET 通常称为 Web 窗体。

6.1 ASP.NET 概述

ASP.NET 使用 Internet Information Server(IIS)来传送内容，以响应 HTTP 请求。ASP.NET 页面在.aspx 文件中，其基本结构如图 6.1 所示。

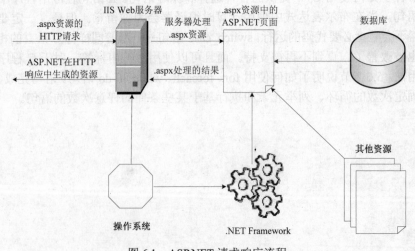

图 6.1 ASP.NET 请求响应流程

在 ASP.NET 处理过程中，可以访问所有的.NET 类、C#或其他语言创建的定制组件、数据库等。实际上，这与运行 C#应用程序一样，在 ASP.NET 中使用 C#就是在运行 C#程序。

ASP.NET 文件可以包含以下内容：

（1）服务器的处理指令。

（2）C#、VB.NET、JScript.NET 代码或.NET Framework 支持的其他语言的代码。

（3）对应已生成资源的窗体内容，如 HTML。

（4）客户端的脚本代码。

（5）内嵌的 ASP.NET 服务器控件。

实际上，ASP.NET 文件也可以很简单。

6.2　ASP.NET Web 窗体

6.2.1　ASP.NET Web 窗体介绍

ASP.NET 中的许多功能是使用 Web 窗体实现的。稍后将创建一个简单的 Web 窗体，以深入介绍这种技术。但这里先简要介绍 Web 窗体的设计。许多 ASP.NET 开发人员仅使用文本编辑器（如 Notepad）来创建文件。这里不推荐这么做，因为 Visual Studio 或 Web Developer Express 等 IDE 提供的优点是很重要的，只是使用 Notepad 等文本编辑器是创建文件的一种方法，所以这里提及它。如果使用文本编辑器，在把 Web 应用程序的哪些部分放在什么地方等方面有非常大的灵活性，例如，可以把所有代码都组合到一个文件中。把代码放在<script>和</script>标记中，在起始<script>标记中使用两个属性，如下所示：

```
<script language="c#" runat="server">
    //这里可以使用 C#语言编写服务端代码
</script>
```

这里的 runat="server"属性是很重要的，因为它指示 ASP.NET 引擎在服务器上执行这段代码，而不是把它传送给客户端，因此可以访问前面讨论的环境，可以在服务器端脚本块中放置函数、事件处理程序等。

如果省略 runat="server"属性，就是在提供客户端代码，如果使用本章后面所介绍的服务器端编码方式就会失败。但是，可以使用<script>元素提供 JavaScript 等语言编写的客户端脚本。例如：

```
<script language=" javascript " type="text/javascript">
//这里可以使用 JavaScript 语言编写客户端代码
</script>
```

注意

> type 属性是可选的，但如果需要兼容 XHTML，它就是必需的。
>
> 在页面中添加 JavaScript 代码的功能也包含在 ASP.NET 中，这好像有点奇怪。但是，JavaScript 允许给 Web 页面添加动态的客户端操作，这是非常有用的。Ajax 编程就允许添加 JavaScript 代码。

6.2.2 创建网站

1. 新建网站

（1）.aspx 文件可以包含在<%和%>标记中的代码块。但是函数定义和变量声明不能放在这里。可以插入代码，当执行到块时就执行这些代码。当输出简单的 HTML 内容时，这是很有效的。这种方式类似于旧风格的 ASP 页面，但有一个重要的区别：代码是已经编译好的，不是解释性的。这样性能会好得多。

（2）下面举一个示例。要创建一个新的 Web 应用程序，应在 Visual Studio 中选择 File（文件）→New（新建）→Web Site（网站）命令，在打开的对话框中选择 Visual C#语言类型和 ASP.NET Web Site 模板，然后进行选择。Visual Studio 可以在几个不同的位置创建 Web 站点：

☑ 本地 IIS Web 服务器上。

☑ 本地文件系统上，它配置为使用内置的 Visual Web Developer Web 服务器。

☑ 可通过 FTP 访问的任意位置。

☑ 支持 Front Page Server Extensions 的远程 Web 服务器上。

不必考虑后两个选项，它们使用远程服务器，所以现在应选择前两项。一般情况下，IIS 是安装 ASP.NET Web 站点的最佳位置，因为它最接近部署 Web 站点时需要的配置。另一个选项使用内置的 Web 服务器，适合于测试，但有一些限制：

☑ 只有本地计算机能访问 Web 站点。

☑ 访问 SMTP 等服务受到限制。

☑ 安全模型与 IIS 不同。应用程序运行在当前用户的账户下，而不是运行在 ASP.NET 的特定账户下。

最后一点需要澄清，因为在访问数据库或其他需要验证身份的数据时，安全性是非常重要的。在默认情况下，运行在 IIS 上的 Web 应用程序会在 Windows XP、Windows 2000 和 Vista Web 服务器的 ASP.NET 账户下运行，或在 Windows Server 2003 的 NETWORK SERVICES 账户下运行。如果使用 IIS 是可以配置的，但如果使用内置的 Web 服务器就不能配置它。

（3）为了便于演示或者计算机上可能没有安装 IIS，则可以使用内置的 Web 服务器。在这个阶段不必担心安全性，只需选择它即可。

使用文件选项创建一个新的 ASP.NET 网站，如图 6.2 所示。

高等职业教育"十二五"规划教材

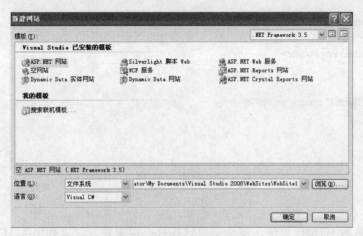

图 6.2　新建 ASP.NET 网站

2. Visual Studio 建立内容

（1）Visual Studio 应建立如下内容：

☑　新的解决方案 WebSite1。

☑　保留文件夹 App_Data，包含数据文件，如 XML 文件或数据库文件。

☑　Default.aspx，Web 应用程序中的第一个 ASP.NET 页面。

☑　Default.aspx.cs，Default.aspx 的后台代码类文件。

☑　web.config，Web 应用程序的配置文件。

这些都可以在 Solution Explorer 中看到，如图 6.3 所示。

（2）可以在设计视图或源代码（HTML）视图中查看.aspx 文件。Visual Studio 中的起始视图是 Default.aspx 的设计或源代码视图（使用左下角的按钮可以切换视图）。设计视图如图 6.4 所示。

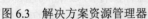

图 6.3　解决方案资源管理器

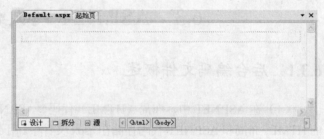

图 6.4　设计视图

（3）在窗体（当前为空）的下面可以看到在窗体的 HTML 中光标当前的位置。这里光标在<form>元素的<div>元素中，<form>元素在页面的<body>元素中，显示为<form#form1>，用它的 id 属性表示。<div>元素也显示在设计视图中。

页面的源代码视图显示了在.aspx 文件中生成的代码：

```
<%@ Page Language="C#" AutoEventWireup="true" CodeFile="Default.aspx.cs" Inherits="_Default" %>
<!DOCTYPE html PUBLIC "-//W3C//DTD XHTML 1.1//EN"
"http://www.w3.org/TR/xhtml11/DTD/xhtml11.dtd">
```

```
<html xmlns="http://www.w3.org/1999/xhtml">
<head runat="server">
  <title>Untitled Page</title>
</head>
<body>
  <form id="form1" runat="server">
  <div>
  </div>
  </form>
</body>
</html>
```

3. 总结

如果读者熟悉 HTML 语法，就会觉得这些代码很眼熟。这里列出了 HTML 页面中遵循 XHTML 模式的基本代码，并包含几行额外的代码。最重要的元素是<form>，它的 id 属性是 form1，包含了 ASP.NET 代码。这里最重要的属性是 runat。与本节前面的服务器端代码块一样，这个属性设置为 server，表示窗体的处理将在服务器上进行。如果没有包含这个属性，就不会在服务器端上完成任何处理，窗体也不会执行任何操作。在 ASP.NET 页面中只有一个服务器端<form>元素。

这段代码中另一个比较重要的内容是顶部的<@% Page %>标记，它定义了对于 C# Web 应用程序开发人员来说非常重要的页面特性。首先，language 属性指定在页面中使用 C#语言，与前面的<script>块一样（Web 应用程序默认的语言是 VB，使用 web.config 配置文件可以修改这个属性）。AutoEventWireup、CodeFile 和 Inherits 3 个属性用于把 Web 窗体关联到后台代码文件中的一个类上，这里是 Default.aspx.cs 文件中的部分类_Default。这就需要讨论 ASP.NET 代码模型了。

6.3 ASP.NET 网页代码模型

6.3.1 后台编码文件概述

（1）在 ASP.NET 中，布局（HTML）代码、ASP.NET 控件和 C#代码用于生成用户看到的 HTML。布局和 ASP.NET 代码存储在.aspx 文件中。用于定制窗体操作的 C#代码包含在.aspx 文件中，也可以像前面的例子那样，放在单独的.aspx.cs 文件中，通常称为后台编码文件。

（2）在处理 ASP.NET Web 窗体时，一般在用户请求页面时，预编译站点会发生以下事件：

- ☑ ASP.NET 处理器执行页面，确定必须创建什么对象，以实例化页面对象模型。
- ☑ 动态创建一个基类，包括页面上的控件成员和这些控件的事件处理程序（如按钮单击事件）。
- ☑ 包含在.aspx 页面中的其他代码，与这个基类合并构成完整的对象模型。
- ☑ 编译所有的代码并高速缓存起来，以备处理以后的请求。

☑　生成 HTML，返回给用户。

6.3.2　默认命名空间引用的集合

1．引用集合

在 Web 站点 WebSite1 中，为 Default.aspx 生成的后台代码文件的内容最初非常少。首先看看需要在 Web 页面上使用的默认命名空间引用的集合：

```
using System;
using System.Data;
using System.Configuration;
using System.Linq;
using System.Web;
using System.Web.Security;
using System.Web.UI;
using System.Web.UI.WebControls;
using System.Web.UI.WebControls.WebParts;
using System.Web.UI.HtmlControls;
using System.Xml.Linq;
```

2．Default_aspx 类

（1）在这些引用的集合下面，Default_aspx 部分类的定义几乎是空的。

```
public partial class _Default : System.Web.UI.Page
{ }
protected void Page_Load(object sender, EventArgs e)
{ }
```

（2）这里可以使用 Page_Load()事件处理程序添加加载页面时需要的代码。在添加事件处理程序时，这个类文件会包含越来越多的代码。注意没有把这个事件处理程序关联到页面上的代码，这是由 ASP.NET 运行库处理的。这要归功于 AutoEventWireup 属性，把它设置为 false，表示必须自己在代码中把事件处理程序与事件关联起来。

（3）这个类是一个部分类定义，因为前面介绍的过程需要它。在预编译页面时会从页面的 ASP.NET 代码中创建一个单独的部分类定义，这包括添加到页面上的所有控件。在设计期间编译器会推断这个部分类定义，以便在后台代码中使用 IntelliSense，来引用页面上的控件。

6.3.3　ASP.NET 服务器控件

1．Web 窗体设计器

前面生成的代码并不能完成许多工作，所以下面就应添加一些内容。在 Visual Studio 中使用 Web 窗体设计器，它支持拖放操作。

可以添加到 ASP.NET 页面上的控件有 3 种类型：

（1）HTML 服务器控件。这些控件模拟 HTML 元素，HTML 开发人员会很熟悉它们。

（2）Web 服务器控件。这是一组新的控件，其中一些控件的功能与 HTML 控件相同，但它们的属性和其他元素有一个公共的命名模式便于进行开发。还有一些全新的、非常强大的控件，本章后面会进行详细介绍。Web 服务器控件有几种类型，包括标准控件，如按钮、验证用户输入的验证控件、简化用户管理的登录控件，和处理数据源的一些较复杂的控件。

（3）定制控件和用户控件。由开发人员定义的控件。

 提示

> 6.3.4 节列出了常用 Web 服务器控件及其使用说明的完整列表。本章没有介绍 HTML 控件，这些控件提供的功能，Web 服务器也能提供，而且 Web 服务器控件为熟悉编程的开发人员提供了一个功能比 HTML 更丰富的环境。学会如何使用 Web 服务器控件后，使用 HTML 服务器控件就不难了。

下面在 6.3.2 节创建的 Web 站点 WebSite1 中，添加两个 Web 服务器控件。所有的 Web 服务器控件都以下述 XML 元素的方式使用：

```
<asp:controlName    runat="server"    attribute="value">Contents</asp:controlName>
```

其中，controlName 是 ASP.NET 服务器控件的名称，attribute="value" 是一个或多个属性规范，Contents 指定控件的内容。一些控件可以使用属性和控件元素的内容来设置属性，如 Label（用于显示简单文本），其文本可以用两种方式指定。其他控件可以使用元素包含模式来定义它们的层次结构，如 Table（定义一个表）可以包含 TableRow 元素，指定表中的行。

注意

> 控件的语法是基于 XML 的（它们也可以内嵌在非 XML 代码中，如 HTML）。省略闭合标记、表示空元素的 />，或者重叠控件，都会产生错误。

2. runat="server"属性

（1）看看 Web 服务器控件上的 runat="server"属性。把它放在这里和放在其他地方是一样的，遗漏这个属性也会产生错误，结果将是一个不能运行的 Web 窗体。

（2）修改 Default.aspx 的 HTML 设计视图，代码如下：

```
<%@ Page Language="C#" AutoEventWireup="true" CodeFile="Default.aspx.cs" Inherits="_Default" %>
<!DOCTYPE html PUBLIC "-//W3C//DTD XHTML 1.1//EN"
"http://www.w3.org/TR/xhtml11/DTD/xhtml11.dtd">
<html xmlns="http://www.w3.org/1999/xhtml">
<head runat="server">
  <title>Untitled Page</title>
</head>
<body>
  <form id="form1" runat="server">
  <div>
    <asp:Label runat="server" ID="resultLabel" /><br />
    <asp:Button runat="server" ID="triggerButton" Text="Click Me" />
```

```
    </div>
  </form>
</body>
</html>
```

这里添加了两个 Web 窗体控件：标签和按钮。

注意

在添加控件时，Visual Studio 的 IntelliSense 会提示代码输入项，这与 C#代码编辑器一样。如果在隔开的视图中编辑代码，再同步视图，在源代码面板上编辑的元素会在设计面板上突出显示。

3．添加事件处理方法

（1）添加的所有服务器控件都会自动成为对象模型的一部分，该对象模型是在这段后置代码中为窗体构建的。

（2）要让这个应用程序完成一些工作，应添加单击按钮的事件处理方法。可以在 Properties 窗口中为按钮输入一个方法名，也可以双击该按钮得到默认的事件处理方法。如果双击按钮就可以自动添加一个事件处理方法：

```
protected void triggerButton_Click(object sender, EventArgs e)
{
}
```

把一些代码添加到 Default.aspx 中，就可以把事件处理程序链接到按钮上：

```
<div>
<asp:Label Runat="server" ID="resultLabel" /><br />
<asp:Button Runat="server" ID="triggerButton" Text="Click Me"onclick="triggerButton_Click" />
</div>
```

其中，onclick 属性告诉 ASP.NET 运行库，在生成窗体的代码模型时把按钮的单击事件包装到 triggerButton_Click 方法中。

修改 triggerButton_Click(object sender, EventArgs e)中的代码（注意标签控件类型是从 ASP.NET 代码中推断出来的，所以可以直接在后台代码中使用）：

```
void triggerButton_Click(object sender, EventArgs e)
{
    resultLabel.Text = "Button clicked!";
}
```

（3）下面准备运行它。不需要建立项目，只需保存所有的内容，把 Web 浏览器指向 Web 站点的地址。如果使用 IIS，这就很简单，因为我们知道指向的 URL。但本例使用内置的 Web 服务器，所以需要启动运行。最快捷的方式是按 Ctrl+F5 键启动服务器，打开一个浏览器，并指向指定的 URL。

在运行内置的 Web 服务器时，系统栏中会显示一个图标。双击这个图标会弹出

ASP.NET Development Server 对话框,这里会显示 Web 服务器执行的过程,并可以在需要时停止它,如图 6.5 所示。

图 6.5　ASP.NET Development Server 对话框

6.3.4　控件面板

本节介绍可用控件,之后把它们组合到一个更丰富、更有趣的应用程序中。本节的内容对应于编辑 ASP.NET 页面时工具箱中的类别,如图 6.6 所示。

图 6.6　控件工具箱

 注意

在控件的描述中使用了属性——ASP.NET 代码中使用的属性与它同名。这里的引用并不完整,许多控件和属性都没有介绍,只介绍了最常用的属性。本章介绍的控件分别属于标准、数据和验证类别。

1. 标准 Web 服务器控件

几乎所有的 Web 服务器控件(包括标准类别和其他类别)都继承了 System.Web.UI.WebControls.WebControl 类,而 System.Web.UI.WebControls.WebControl 类又继承了 System.Web.UI.Control 类。没有使用这个继承特性的 Web 服务器控件则直接派生于 Control 或更专门的基类,而该基类又最终派生于 Control。因此,Web 服务器控件有许多共同的属性和事件,如果需要就可以使用这些属性和事件。这里只介绍 Web 服务器控件自身的属性和事件。

许多常用的继承属性主要用于处理显示格式,这是很容易控制的,如 ForeColor、BackColor、Font 属性等,也可以使用 CSS(Cascading Style Sheet)类来控制。此时应在一个独立的文件中,把字符串属性 CssClass 设置为 CSS 类的名称。还可以使用 CSS 属性窗口和样式管理窗口给 CSS 控件设置样式。其他属性包括 Width 和 Height,用于设置控件的大小；AccessKey 和 TabIndex，便于用户的交互操作；Enabled，用于设置控件的功能是否可以在 Web 窗体上使用。

一些控件还包含其他控件，在页面上建立控件层次结构。使用 Controls 属性就可以访问给定控件包含的控件，使用 Parent 可以访问控件的容器。

对于事件最常用的是继承来的 Load 事件，它执行控件的初始化，PreRender 在控件输出 HTML 前进行最后一次修改。

表 6.1 描述了各种标准 Web 服务器控件。

表 6.1　标准 Web 服务器控件说明

控 件 名	说 明
Label	显示简单文本，使用 Text 属性设置和编程修改显示的文本
TextBox	提供一个用户可以编辑的文本框。使用 Text 属性访问输入的数据，Text Changed 事件可处理回送的选择变化。如果要求进行自动回送（而不是使用按钮），就应把 AutoPostBack 属性设置为 true
Button	用户单击的标准按钮。Text 属性用于设置按钮上的文本，Click 事件用于响应单击（服务器回送是自动的）。也可以使用 Command 事件响应单击，该事件可以访问接收的附加属性 CommandName 和 CommandArgument
LinkButton	与 Button 相同，但把按钮显示为超链接
ImageButton	显示一个图像，该图像放大一倍作为一个可单击的按钮，其属性和事件继承了 Button 和 Image
HyperLink	添加一个 HTML 超链接。用 NavigateUrl 设置目的地，用 Text 设置要显示的文本。也可以使用 ImageUrl 来指定要链接的图像，用 Target 指定要使用的浏览器窗口。这个控件没有非标准的事件，如果在链接后要执行其他处理，就应使用 LinkButton
DropDownList	允许用户选择一个列表项，可以直接从列表中选择，也可以输入前面的一或两个字母来选择。使用 Items 属性设置项目列表（这是一个包含 ListItem 对象的 ListItemCollection 类），SelectedItem 和 SelectedIndex 属性可确定选择的内容。SelectedIndexChanged 事件可用于确定选项是否改变，这个控件也有 AutoPostBack 属性，所以选项的改变会触发一个回送操作
ListBox	允许用户从列表中选择一个或多个列表。把 SelectionMode 设置为 Multiple 或 Single，可以确定一次选择多少个选项，Rows 确定要显示的选项个数。其他属性和事件与 DropDownList 控件相同
CheckBox	显示一个复选框。选择的状态存储在布尔属性 Checked 中，与复选框相关的文本存储在 Text 属性中。AutoPostBack 属性可以用于启动自动回送，CheckedChanged 事件则执行改变操作
CheckBoxList	创建一组复选框。属性和事件与其他列表控件相同，如 DropDownList
RadioButton	显示一个单选按钮。一般情况下，它们都组合在一个组中，其中只有一个 RadioButton 控件是激活的。使用 GroupName 属性可以把 RadioButton 控件链接到一个组中。其他属性和事件与 CheckBox 相同
RadioButtonList	创建一组单选按钮，在这个组中，一次只能选中一个单选按钮。其属性和事件与其他列表控件相同
Image	显示一个图像。使用 ImageUrl 进行图像引用，如果图像加载失败，由 AlternateText 提供对应的文本

控 件 名	说 明
ImageMap	类似于 Image，但在用户单击图像中的一个或多个热区时，可以指定要触发的动作。要执行的动作可以是回送给服务器或重定向到另一个 URL 上。热区由派生于 HotSpot 的嵌入控件提供，如 RectangleHotSpot 和 CircleHotSpot
Table	指定一个表。在设计期间可以使用它、TableRow 和 TableCell，或者使用 TableRowCollection 类的 Rows 属性编程指定数据行。也可以在运行期间进行修改时使用这个属性。与 TableRow 和 TableCell 一样，这个控件有几个只能用于表格的格式属性
BulletedList	把一个选项列表格式化为一个项目符号列表。与其他列表控件不同，这个控件有一个 Click 事件，用于确定用户在回送期间单击了哪个选项。其他属性和事件与 DropDownList 相同
HiddenField	用于提供隐藏的字段，以存储不显示的值。这个控件可存储需要另一种存储机制才能发挥作用的设置。使用 Value 属性访问存储的值
Literal	执行与 Label 相同的功能，但没有样式属性，只有一个 Text 属性（因为它派生于 Control，而不是 WebControl）
Calendar	允许用户从图像日历中选择一个日期。这个控件有许多与格式相关的属性，但其基本功能是使用 SelectedDate 和 VisibleDate 属性（其类型是 System.Date Time）来访问由用户选择的日期和月份，并显示出来（总是包含 VisibleDate）。其关联的关键事件是 SelectionChanged。这个控件的回送是自动的
AdRotator	顺序显示几个图像。在每个服务器循环后，显示另一个图像。使用 AdvertisementFile 属性指定描述图像的 XML 文件，AdCreated 事件在每个图像发回之前执行处理操作。也可以使用 Target 属性在单击一个图像时命名一个要打开的窗口
FileUpload	这个控件给用户显示一个文本框和一个 Browse 按钮，以选择要上传的文件。用户选择了文件之后，就可以使用 HasFile 属性确定是否选择了文件，然后使用后台代码中的 SaveAs()方法执行文件的上传
Wizard	这个高级控件用于简化用户在几个页面中输入数据的常见任务。可以向导添加多个步骤，按顺序或不按顺序显示给用户，并依赖此控件来维护状态
Xml	这是一个更复杂的文本显示控件，用于显示用 XSLT 样式表传输的 XML 内容，这些 XML 内容是使用 Document、DocumentContent 或 DocumentSource 属性中的一个设置（取决于原始 XML 的格式）的，XSLT 样式表（可选）是使用 Transform 或 TransformSource 来设置的
MultiView	这个控件包含一个或多个 View 控件，每次只显示一个 View 控件。当前显示的视图用 ActiveViewIndex 指定，如果视图改变了（可能因为单击了当前视图上的 Next 链接），就可以使用 ActiveViewChanged 事件检测出来
Panel	添加其他控件的容器。可以使用 HorizontalAlign 和 Wrap 指定内容如何安排
PlaceHolder	这个控件不显示任何输出，但可以方便地把其他控件组合在一起，或者用编程的方式把控件添加到给定的位置。被包含的控件可以使用 Controls 属性来访问
View	控件的容器，类似于 PlaceHolder，但主要用作 MultiView 的子控件。使用 Visible 属性可以指定是否显示给定的 View，使用 Activate 和 Deactivate 事件检测激活状态的变化
Substitution	指定一组不与其他输出一起高速缓存的 Web 页面，这是一个与 ASP.NET 高速缓存相关的高级主题，本书不涉及
Localize	与 Literal 相同，但允许使用项目资源指定要在不同区域显示的文本，使文本本地化

2. 数据 Web 服务器控件

数据 Web 服务器控件分为数据源控件（SqlDataSource、AccessDataSource、LinqDataSource、ObjectDataSource、XmlDataSource 和 SiteMapDataSource）和数据显示控件（GridView、DataList、DetailsView、FormView、Repeater 和 ReportViewer）两类。

一般情况下，应把一个数据源控件（不可见）放在页面上，以链接数据源；然后添加一个绑定到数据源控件的数据显示控件，来显示该数据。一些更高级的数据显示控件，如 GridView，还可以编辑数据。

所有的数据源控件都派生于 System.Web.UI.DataSource 或 System.Web.UI.Hierarchical DataSource。这些类的方法，如 GetView()（或 GetHierarchicalView()），可以访问内部数据视图，还可以设置样式。

表 6.2 描述了各种数据源控件。注意本节没有探讨属性，这主要是因为这些控件最好通过图形化的向导来配置。

表 6.2 数据源服务器控件说明

数据源控件	说　　明
SqlDataSource	用作 SQL Server 数据库中存储的数据的管道。把这个控件放在页面上，就可以使用数据显示控件操作 SQL Server 数据。本章后面将使用这个控件
AccessDataSource	与 SqlDataSource 相同，但处理存储在 Microsoft Access 数据库中的数据
LinqDataSource	这个控件可以处理支持 LINQ 数据模型的对象
ObjectDataSource	这个控件可以处理存储在自己创建的对象中的数据，这些对象可能组合在一个集合类中。这是把定制的对象模型显示在 ASP.NET 页面上的非常快捷的方式
XmlDataSource	可以绑定到 XML 数据上。它可以绑定导航控件，如 TreeView。利用这个控件，还可以使用 XSL 样式表传输 XML 数据
SiteMapDataSource	可以绑定到层次站点地图数据上

接着是数据显示控件，如表 6.3 所示。其中几个控件可以满足各种数据显示需求。

表 6.3 数据显示控件说明

数据显示控件	说　　明
GridView	以数据行的格式显示多个数据项（如数据库中的行），其中每一行包含表示数据字段的列。利用这个控件的属性，可以选择、排序和编辑数据项
DataList	显示多个数据项，可以为每一项提供模板，以任意指定的方式显示数据字段。与 GridView 一样，可以选择、排序和编辑数据项
DetailsView	以表格形式显示一个数据项，表中的每一行都与一个数据字段相关。这个控件可以添加、编辑和删除数据项
FormView	使用模板显示一个数据项。与 DetailsView 一样，这个控件也可以添加、编辑和删除数据项
Repeater	与 DataList 相同，但不能选择和编辑数据
RepeaterViewer	显示报表服务数据的高级控件，本书不涉及

3. 验证 Web 服务器控件

验证控件可以在不编写任何代码的前提（多数情况）下验证用户的输入。只要有回送，每个验证控件就会检查控件是否有效，并相应地改变 IsValid 属性的值。如果这个属性是 false，被验证控件的用户输入就没有通过验证。包含所有控件的页面也有一个 IsValid 属性，如果页面中任一个有效性验证控件的 IsValid 属性设置为 false，该页面的 IsValid 属性就是 false。可以在服务器端的代码上检查这个属性并对它进行操作。

验证控件还有第二个功能。它们不仅可以在运行期间验证控件的有效性，还可以自动给用户输出有帮助的提示，把 ErrorMessage 属性设置为希望的文本，在用户试图回送无效的数据时就会看到这些文本。

存储在 ErrorMessage 中的文本可以在验证控件所在的位置输出，也可以和页面上其他验证控件的信息一起输出在一个独立的位置。第二种方式可以使用 ValidationSummary 控件来获得，并把所有的错误信息和附加文本按照需要显示出来。

在支持这些控件的浏览器中，验证控件甚至可以生成客户端的 JavaScript 函数，来简化验证任务的执行。在某些情况下是不会有回送的，因为验证控件在某些环境下禁止回送输出错误信息而不涉及服务器的执行。

所有的验证控件都继承于 BaseValidator，所以它们共享几个重要的属性。最重要的是上面讨论的 ErrorMessage 属性；ControlToValidate 属性也是比较重要的，它指定要验证的控件的编程 ID。另一个重要的属性是 Display，它确定是把文本放在验证汇总的位置上（该属性设置为 none），还是放在验证控件的位置上。也可以给错误信息留一些空间，即不显示这些错误信息（把 Display 设置为 Static），或者按照需要给这些信息动态分配空间，这会使页面的内容有轻微的改变（把 Display 设置为 Dynamic）。表 6.4 描述了各个验证控件。

表 6.4　验证 Web 服务器控件说明

验 证 控 件	说　　明
RequiredFieldValidator	如果用户在 TextBox 等控件中输入数据，就检查这些数据
CompareValidator	用于检查输入的数据是否满足简单的要求。利用一个运算符集合，通过 Operator 和 ValueToCompare 属性进行验证。Operator 的值可以是 Equal、GreaterThan、GreaterThanEqual、LessThan、LessThanEqual、NotEqual 或 DataTypeCheck。DataTypeCheck 可以比较 ValueToCompare 的数据类型和控件中要验证的数据。ValueToCompare 是一个字符串属性，但根据其内容可以把它解释为另一种数据类型。要进一步比较控件，可以把 type 属性设置为 Currency、Date、Double、Integer 或 String
RangeValidator	验证控件中的数据，看看其值是否在 MaximumValue 和 MinimumValue 属性值之间，其 Type 属性对应于每个 CompareValidator
RegularExpressionValidator	根据存储在 ValidationExpression 中的正则表达式验证字段的内容，可以用于验证邮政编码、电话号码、IP 号码等
CustomValidator	使用定制函数验证控件中的数据。ClientValidationFunction 指定用于验证一个控件的客户端函数（这表示不能使用 C#）。这个函数应返回一个 Boolean 类型的值，表示验证是否成功。另外，还可以使用 ServerValidate 事件指定用于验证数据的服务器端函数。这个函数是一个 bool 类型的事件处理程序，其参数是一个包含要验证数据的字符串，而不是 EventArgs 参数。如果验证成功就返回 true，否则返回 false

续表

验　证　控　件	说　　明
ValidationSummary	为所有设置了 ErrorMessage 的验证控件显示验证错误。通过设置 DisplayMode（BulletList、List 或 SingleParagraph）和 HeaderText 属性，其显示的内容可以格式化；把 ShowSummary 设置为 false，就会禁止显示；把 ShowMessageBox 设置为 true，内容就会显示在弹出的消息框中

4. ADO.NET 和数据绑定

为了实现动态的检索数据并展示到前台界面上，ASP.NET 引入了 ADO.NET 和数据绑定，数据绑定可以使检索数据的过程变得非常简单。像列表框（和一些更专业的控件）这样的控件可以使用这种技巧。它们可以绑定到执行 IEnumerable、ICollection 或 IListSource 接口的任何对象上，包括数据源 Web 服务器控件。关于 ADO.NET 的相关介绍将于本书第 8 章展开。

6.4　ASP.NET 状态管理

6.4.1　状态管理概述

任何一种类型的实际应用程序都需要维护它们自己的状态以服务用户的请求。ASP.NET 应用程序也不例外，但是与其他类型的应用程序不同的是，它需要专门的系统级工具来实现服务。之所以存在这一特征，是因为 Web 应用程序所依赖的底层协议的无状态性。只要 HTTP 仍然是 Web 的传输协议，则所有的 Web 应用程序都会遇到相同的麻烦：如何确定用来持久地存储状态信息的最有效的方法。

应用程序状态是一种空的容器，每个应用程序和程序员可以用任何一种对持久性存储有意义的信息进行填充：从用户优先权到全局设置，从工作数据到命中计数器（hit counter），从查找表到购物车。这么多乱七八糟的数据可以根据许多不同使用模式进行组织和访问。通常，所有与应用程序状态有关的信息分布在各层中，各自都有可见性、可编程性和生命期设置。

ASP.NET 在应用程序、会话、页面和请求 4 个层级提供了状态管理设施，每个层级都有自己的专用容器对象以及 HttpApplicationState、HttpSessionState 和 ViewState 对象，分别提供应用程序、会话和页面状态维护。

6.4.2　应用程序的状态管理

表 6.5 概述了各状态管理对象的主要特征。尽管这些对象的名称很不熟悉，但是 HttpApplicationState 和 HttpSessionState 对象是状态工具，完全与经典 ASP 的内在对象（如 Application 和 Session）兼容。称为 Application 和 Session 的特别属性，允许以与 ASP 差不多一致的方法使用这些对象。

表 6.5 状态管理对象概述

对象	生命期	数据可见性	位置
Cache	实现一种自动清除机制，并定期清除较不常用的内容	在所有的会话内是全局的	不支持 Web farm 或 Web garden 场景
HttpApplicationState	第一个请求在 Web 服务器时创建，并在应用程序关闭时释放	在所有的会话内是全局的	不支持 Web farm 或 Web garden 场景
HttpContext	跨越各请求的整个生命期	在涉及该请求的对象内是全局的	不支持 Web farm 或 Web garden 场景
HttpSessionState	当用户发出第一个请求时创建，并一直延续到用户关闭该会话	对启动该会话的用户所发出的全部请求是全局的	经过配置可以在 Web farm 和 Web garden 中使用
ViewState	表示正被生成的每个页面调用上下文	只限于排队等待相同页面的所有请求	经过配置可以在 Web farm 和 Web garden 中使用

注意

　　本章将回顾几个与状态管理有关的不同层级的对象。我们不会详细讨论 cookie，但是 cookie 的确适合在客户端存储少量信息。此信息与请求一起发送给服务器，并能通过响应进行操纵和重新发送。cookie 是一个基于文本的由简单的键/值对组成的结构，并且它不会消耗服务器上的任何资源。例如，在电子商务应用中，cookie 是存储用户偏爱的优选方法。此外 cookie 可设置到期时间。但 cookie 有两个缺点：它们的大小有限（依赖于浏览器，但绝不能大于 8 KB）；用户可能禁用它们。

　　HttpApplicationState 对象使一个字典可用于存储一个应用程序中调用的所有的请求处理程序。在经典 ASP 中，只有页面可以访问应用程序状态；在 ASP.NET 中不再这样，其中所有的 HTTP 处理程序和模块都可以存储和检索应用程序的字典中的值。只有在发起应用程序的上下文中可以访问应用程序状态。

　　客户第一次请求特定的虚拟目录中的任何资源时创建 HttpApplicationState 类的一个实例。每个正在运行的应用程序保持自己的全局状态对象。最常用的应用程序状态方法是通过 Page 对象的 Application 属性。

1. HttpApplicationState 类的属性

HttpApplicationState 类的属性如表 6.6 所示。

表 6.6 HttpApplicationState 类的属性

属性	描述
AllKeys	获取一个字符串数组，其中包含当前存储在该对象中的数据项的所有的键
Contents	获得该对象的当前实例。该属性返回的内容只不过是对应用程序状态对象的一个引用，不是一个克隆。该属性是为了与 ASP 兼容而提供的
Count	获得当前存储在该集合中的对象数

续表

属　　性	描　　述
Item	索引器属性，提供对该集合中的一个元素的读/写访问。该元素既可以通过名称指定，也可以通过索引指定。该属性的访问器使用 Get 和 Set 方法实现
StaticObjects	获得一个包含 global.asax 中使用<object>标签（其中的 scope 属性设置为 Application）声明的所有对象的所有实例的集合

 注意

　　静态对象和实际状态值存储在不同集合中。该静态集合的确切类型是 HttpStaticObjectsCollection。

　　2. HttpApplicationState 类的方法

　　HttpApplicationState 类主要是一个操作名称/值集合的专用方法集，如表 6.7 所示，最显著的扩展要求序列化状态值访问所需的封锁机制。

表 6.7　HttpApplicationState 类的方法

方　　法	描　　述
Add	添加一个新值到该集合中。该值作为一个对象添加到该集合中
Clear	删除该集合中的所有对象
Get	返回该集合中的一个项的值。该项既可以通过键指定，也可以通过索引指定
GetEnumerator	返回一个计数器对象（enumerator object）以遍历该集合
GetKey	获得该集合中指定位置处存储的项的字符串键
Lock	锁定对整个集合的写入权限。任何并发调用者在调用 UnLock 之前都不能写入该集合对象
Remove	删除键与指定字符串匹配的项
RemoveAll	调用 Clear
RemoveAt	删除指定位置处的项
Set	将指定值赋给具有指定键的项。该方法是线程安全的，并且在写入完成之前一直封锁对该项的访问
UnLock	开启对该集合的写访问

 注意

　　GetEnumerator 方法继承基本的集合类，因而不知道类的封锁机制。如果使用此方法逐一列举该集合，则通过调用基类 NameObjectCollectionBase 上的 Get 方法之一获取每个返回值。不幸的是，由于对应用程序状态的并发访问，这个方法不知道派生的 HttpApplicationState 类上所需的封锁机制。因此，这样的列举方法不是线程安全的。一种更好的列举内容的方法是使用一个 while 语句和 Get 方法访问一个集合项。另外可以在列举内容之前锁定集合。

3. 状态同步

HttpApplicationState 上的所有操作都需要某种同步机制，以确保在一个应用程序中运行的多个线程安全地访问数值，而不会导致死锁和访问违规。写方法（如 Set 和 Remove）以及 Item 属性的 set 访问器，在写入之前隐式地应用一个写入锁。Lock 方法确保只有当前线程可以修改应用程序状态。对代码中需要保护起来不被其他线程访问的部分，Lock 方法对它们应用相同的写入锁。

不需要用一对 Lock/Unlock 语句封装一个 Set、Clear 或 Remove 调用——实际上，这些方法已经是线程安全的。在这些情况下使用 Lock，只会产生额外的开销，增加内部递归层次。

```
//该操作是线程安全的
Application["MyValue"] = 1;
```

如果要防止一组指令同时写入，则使用 Lock：

```
Application.Lock();
int val = (int) Application["MyValue"];
if (val < 10)
    Application["MyValue"] = val + 1;
Application.UnLock();
```

读方法（如 Get、Item 的 get 访问器，甚至 Count）有一种内部同步机制，当它与 Lock 一起使用时，可以防止它们并发读写和跨线程读写：

```
Application.Lock();
int val = (int) Application["MyValue"];
Application.UnLock();
```

应当始终一起使用 Lock 和 UnLock。然而，如果忘了调用 UnLock，导致死锁的可能性并不高，因为当请求完成或超时以后，Microsoft .NET Framework 自动地撤销该锁。因此，如果要处理该异常可以考虑使用一个 finally 块来清除该锁，否则在请求结束时让 ASP.NET 清除该锁无疑会导致一些延迟。

4. 应用程序状态的折中

不用把全局数据写入 HttpApplicationState 对象，而是可以在 global.asax 文件内使用公共成员。和 HttpApplicationState 集合中的项相比全局成员更可取，因为它是强类型的，并且不需要通过散列表访问以找到该值。另一方面，全局变量本身不被同步，因而必须用人工方法进行保护。必须使用语言结构来保护对这些成员的访问，例如，C#中的 Lock 运算符或者 Microsoft Visual Basic .NET 中的 SyncLock 运算符。

（1）内存占用

无论选择用什么方式来存储一个应用程序的全局状态，在考虑何时存储全局数据时，都要注意一些基本因素。首先，全局数据存储导致永久地占用内存。除非被代码显式地删除，否则应用程序的全局状态中存储的任何数据，只有在应用程序关闭时才被删除。一方面，把几兆数据放入应用程序的内存中加快了访问速度；另一方面，这么做在应用程序的整个运行过程中占用了宝贵的内存。

因此，每当需要全局共享的数据时，考虑使用 Cache 对象是非常重要的。与 Application 和全局成员不同的是，ASP.NET 中存储的数据采用自动清除机制，确保在过多的虚拟内存被消耗时删掉那些数据。Cache 对象的引入只是为了缓和内存占用问题和代替 Application 对象。

（2）对数据的并发访问

由于封锁机制，存储全局数据也有问题。为了确保并发线程访问不会导致数据的不一致，同步机制是必不可少的。但是锁定应用程序状态很快就会成为一种性能瓶颈，导致线程的非优化使用。应用程序的全局状态保存在内存中，而且绝不会侵入机器的边界。在多机器和多处理器环境中，应用程序的全局状态只限于在各机器或 CPU 上运行的单个工作进程。因此，这并非是真正意义上的全局性。最后，数据在内存中是有风险的，主要是由于进程可能出故障，或者更简单地说是由于 ASP.NET 进程回收。

6.4.3　会话的状态管理

HttpSessionState 类提供了一个基于字典的模型，用于存储和检索会话状态值。与 HttpApplicationState 不同的是，该类并不是在给定时间把它的内容提供给在虚拟目录中操作的全部用户。只有在相同的会话上下文中发起的请求，即由相同用户发出的多个页面请求生成的会话上下文才能访问会话状态。在默认情况下会话状态保存在 ASP.NET 工作进程中。

与 ASP 的内在对象 Session 相比，ASP.NET 会话状态在用法上几乎相同，但是它的功能显然更丰富，并且在构架上存在根本性的区别。此外它提供了一些特别方便的功能（如对无 cookie 浏览器的支持），并能够被外部进程（包括 Microsoft SQL Server）托管。这样 ASP.NET 会话管理就能提供一种前所未有的健壮性和可靠性。

在 ASP.NET 2.0 中开发人员可以为会话状态创建定制的数据存储。例如，如果需要保证一个面向数据库的解决方案的健壮性，可以使用 Oracle 数据库，而不需要安装 SQL Server 数据库。通过编写一段附加代码，就可以在使用 Session 语法和类的同时支持一个 Oracle 会话数据存储。

会话状态的可扩展性模型提供了两种方案：定制现有的 ASP.NET 会话状态机制的零碎东西（例如，创建一个 Oracle 会话提供程序或者一个控制 ID 生成的模块），以及将标准的会话状态 HTTP 模块用一个新的取而代之。前一种方案很容易实现，但是能够定制的特征很有限。后一种方案的编码实现较复杂，但是提供了最大的灵活性。

1. 会话状态 HTTP 模块

无论内部实现如何，程序员可用于管理会话状态的 API 只有一个——Session 对象。在 ASP.NET 中它是一个集合对象，存于 Page 类的 Session 属性之后。确切的类型是 HttpSessionState，这个类不能进一步被继承，它实现了 ICollection 和 IEnumerable 接口。在每个要求会话支持的请求的启动过程中创建该类的一个实例。集合用从指定介质中读取的名称/值对进行填充并添加到请求上下文（HttpContext 类）中。Page 的 Session 属性只是反映了 HttpContext 类的 Session 属性。

如果开发人员只能使用一个对象即 Session 对象，而不管其他细节，则大多赞成使用一个管理会话状态检索和存储过程的 HTTP 模块，同时借助于一些特殊的提供程序对象。负责为连接到应用程序的每个用户建立会话状态的 ASP.NET 模块，是一个称为 SessionStateModule 的 HTTP 模块。建立在 IHttpModule 接口之上的 SessionStateModule 对象为 ASP.NET 应用程序提供会话状态服务。

（1）状态客户管理器（State Client Manager）

会话状态 HTTP 模块被调用时，它读取 web.config 文件的<sessionState>节中的设置，并确定应用程序所需的状态客户管理器。状态客户管理器是一个组件，它负责当前所有活动会话数据的存储和检索。SessionStateModule 组件查询状态客户管理器，以得到一个给定会话的名称/值对。

会话状态可以存储在本地的 ASP.NET 工作进程中，可以在一个称为 aspnet_state.exe 的外部进程（甚至远程进程）中进行维护，可以通过 SQL Server 进行管理，并存储在一个特别的数据库表中。SessionStateMode 枚举类型列出状态客户提供程序可用的选项。InProc 选项的访问速度最快。然而要记住的是，在一个会话中存储的数据越多，在 Web 服务器上消耗的内存就越多，从而会增加性能降低的风险。

（2）创建 HttpSessionState 对象

状态模块负责检索会话状态并把它添加到在该会话内运行的每个请求的上下文。该会话状态只有在 HttpApplication.AcquireRequestState 事件激发以后才可用，并在 HttpApplication.ReleaseRequestState 事件激发以后不可逆转地丢失。此后，当 Session_End 激发时，意味着没有任何状态还可以使用。

（3）同步对会话状态的访问

当 Web 页面调用 Session 属性时，实际上访问的是该数据的一个本地内存副本。如果其他页面（在相同的会话中）企图并发地访问会话状态该怎么办呢？在这种情况下，当前请求最终可能访问不一致的数据或还没有更新的数据。

为了避免这种情况的发生，会话状态模块实现了一种 reader/writer 封装机制，并将对状态值的访问进行排队。一个具有会话状态写入访问的页面，将在会话上置一个 writer 锁，直到请求结束为止。通过把@Page 指令上的 EnableSessionState 属性设置为 true，页面获得对会话状态的写入访问。一个具有会话状态读取访问权的页面，例如，当 EnableSessionState 属性设置为 ReadOnly 时，将在会话上置一个 reader 锁，直到请求结束为止。

2．HttpSessionState 类的属性

HttpSessionState 类在 System.Web.SessionState 命名空间中定义。它是一个常规集合类，实现了 ICollection 接口。表 6.8 列出了 HttpSessionState 类的属性。

表 6.8　HttpSessionState 类的属性

属　　性	描　　述
CodePage	获得或设置当前会话的代码页标识符
Contents	返回对 this 对象的引用。该属性是为了与 ASP 兼容而提供的
CookieMode	详细描述应用程序的无 cookie 会话的配置。该属性被声明为 HttpCookieMode 类型（稍后将更详细地讨论这一点）。ASP.NET 1.x 不支持该属性
Count	获得会话状态中当前存储的数据项数

续表

属　性	描　述
IsCookieless	指示会话 ID 嵌在 URL 中，还是存储在一个 HTTP cookie 中。IsCookieless 比 CookieMode 更具体
IsNewSession	指出是否用当前请求创建会话
IsReadOnly	指出会话是否是只读的。如果@Page 指令上的 EnableSessionState 属性设置为 ReadOnly 关键字，则该会话是只读的
IsSynchronized	返回 false（参见本章后面对该属性的介绍）
Item	索引器属性，提供了对会话状态值的读/写访问。该值既可以通过名称指定，也可以通过索引指定
Keys	获得会话中存储的全部值的键的一个集合
LCID	获得或设置当前会话的本地化标识符（locale identifier，LCID）
Mode	获得一个表示正在使用的状态客户管理器的值。
SessionID	获得一个字符串，其中带有用来标识该会话的 ID
StaticObjects	获得一个包括 global.asax 中使用<object>标签（把 scope 属性设置为 Session）声明的所有对象的所有实例的集合。注意，不能从 ASP.NET 应用程序中（即以编程的方式）把对象添加到该集合中
SyncRoot	返回对 this 对象的引用（参见本章后面对该属性的介绍）
Timeout	获得或设置会话模块在终止会话前应在两个连续请求之间等待的分钟数

　　HttpSessionState 类是一个常规集合类，因为它实现了 ICollection 接口，但是就同步而言，它是一个非常特殊的集合类。如前所述，同步机制在 SessionStateModule 组件中实施，保证最多只有一个线程可以访问会话状态。然而，因为 HttpSessionState 实现了 ICollection 接口，它必须为 IsSynchronized 和 SyncRoot 提供实现。注意，IsSynchronized 和 SyncRoot 是特定集合的同步属性，并且与前面所述的会话同步无关。它们引用集合类（这里是 HttpSessionState）的功能进行同步工作。从技术上讲，HttpSessionState 没有被同步，但是对会话状态的访问被同步了。

　　3. HttpSessionState 类的方法

　　表 6.9 展示了 HttpSessionState 类中可用的所有方法，它们主要与一个集合上的典型操作有关。从这种意义上讲，唯一例外的方法是 Abandon，它使会话被取消。

表 6.9　HttpSessionState 类的方法

方　法	描　述
Abandon	设置一个指示会话模块取消当前会话的内部标记
Add	添加一个新的数据项到会话状态中。该值封装在一个 object 类型中
Clear	清除会话状态中的所有值
CopyTo	把会话状态值的集合复制到一个单维数组（从该数组中的指定索引处开始）
GetEnumerator	获得一个枚举器以遍历该会话中的所有值
Remove	删除会话状态集合中的一个数据项。该数据项由键标识
RemoveAll	调用 Clear
RemoveAt	删除会话状态集合中的一个数据项

运行终止当前请求的过程时，会话状态模块检查一个内部标记以验证用户有没有下命令放弃该会话。如果该标记被设置（即 Abandon 方法被调用），则删除任何响应 cookie，开始执行终止会话的过程。然而要注意的是，这并不一定表示 Session_End 事件会被激发。

首先，只有当会话模式为 InProc 时才能激发 Session_End 事件；其次，如果会话字典为空，并且应用程序没有真正的会话状态存在则不会激发该事件。换句话说，当会话被自然地关闭或者在调用一个 Abandon 之后要激发 Session_End 事件，至少必须已经完成一个请求。

6.4.4 使用会话状态管理

掌握了会话状态基本知识之后，通过分析会话状态管理的技术细节增强我们的技能。会话状态管理是一个可以用以下 3 个步骤概括的任务：分配一个会话 ID；从一个提供程序那里获取会话数据；把它填充到页面的上下文中。如前所述，会话状态模块控制所有这些任务的执行。这样做时，它利用两个额外组件：会话 ID 生成器和会话状态提供程序。

1. 使用会话状态

每个活动的 ASP.NET 会话使用一个只由 URL 允许的字符组成的 120 位字符串进行标识。会话 ID 被保证是唯一的并且是随机产生的，以避免数据冲突和防止恶意攻击。根据现有 ID 通过算法来获得一个有效的会话 ID 实际上并不可行。

2. 会话的生命期

只有在第一个数据项添加到内存中的会话字典时，会话状态的生命才开始。如下代码说明了如何修改会话字典中的一个数据项。MyData 唯一地标识该值的键。如果该字典中已经存在一个称为 MyData 的键，则重写现有的值：

```
Session["MyData"] = "I love ASP.NET";
```

Session 字典通常包含 object 类型，要读回数据需要将返回值转换为一种更具体的类型：

```
string tmp = (string) Session["MyData"];
```

当页面把数据保存到 Session 字典中时，返回值被加载到一个内存中的字典，即 SessionDictionary 内部类的一个实例。其他并发运行的页面不能访问该会话，直到正在进行的请求完成为止。

（1）Session_Start 事件

会话启动事件与会话状态无关。当会话状态模块服务给定用户发出的要求新会话 ID 的第一个请求时，Session_Start 事件激发。ASP.NET 运行库可以在一个会话上下文中服务多个请求，但是只对它们中的第一个请求激发 Session_Start 事件。

每当请求一个不把数据写入会话字典中的页面时，创建一个新的会话 ID，并激发一个新的 Session_Start 事件。会话状态的体系结构非常复杂，因为它必须支持各种状态提供程序。总体方案要求在请求完成时把会话字典的内容序列化到状态提供程序。然而为了优化性能，只有在字典的内容不空时该过程才会真正执行。然而如前所述，如果应用程序定义了一个 Session_Start 事件处理程序，则无论如何都会发生序列化。

（2）Session_End 事件

Session_End 事件表示会话的结束，用来执行终止会话所需的任何清除代码。然而要注意的是，只有在 InProc 模式下，即当会话数据存储在 ASP.NET 工作进程中时，才支持该事件。

为了使 Session_End 事件激发，会话状态必须先存在。这就是说必须把一些数据存储在会话状态中，并且至少必须完成一个请求。

（3）为什么会话状态会丢失

当会话超时或被放弃时 Session 对象中存储的值要么以编程的方式从内存中删掉，要么被系统从内存中删掉。然而，在某些情况下会话状态会不知不觉地丢失。如何解释这种奇怪的行为呢？

会话状态受进程回收和 AppDomain 重启支配。ASP.NET 工作进程定期重启，以维护良好的平均性能，当 ASP.NET 工作进程重启时会话状态丢失。进程回收取决于内存消耗百分比，还有可能取决于被服务的请求量。虽然这是周期性的但是不能对周期的间隔时间做出一般的估计。在设计基于会话的进程内应用程序时，要注意这一点，它可能没有试图访问会话状态。尽量使用适合自己的应用程序的异常处理或还原技术。

一些反病毒软件可能把 web.config 或 Global.asax 文件标记为已修改，导致一个新的应用程序启动从而丢失会话状态。如果我们或我们的代码修改那些文件的时间戳，或者修改其中一个专用文件夹（如 Bin 或 App_Code 等）的内容也会丢失会话状态。

📝 注意

当一个正在运行的页面碰到一个错误时，会话状态会发生什么呢？在请求结束时，如果页面产生一个错误——Server 对象的 GetLastError 方法返回一个异常，则该会话的状态不会被保存。然而，如果在异常处理程序中通过调用 Server.ClearError 重置错误状态，则好像没有发生任何错误一样有规律地保存会话的值。

6.4.5　页面的视图状态管理

ASP.NET 页面提供了 ViewState 属性，允许应用程序创建一个调用上下文，保留对相同页面的连续两个请求的值。视图状态代表页面在服务器上经过最后一次处理后的状态。

该状态持久地存储在客户端（通常是这样，但也有例外），并在处理页面请求前被恢复。在默认情况下，视图状态作为页面上的一个隐藏字段进行维护。因而它随页面本身来回传输。虽然被发送到客户端但是视图状态并不表示（也不包含）任何专门针对客户的信息。视图状态中存储的信息只与页面及其一些子控件相关，因而不能被浏览器以任何方式使用。

使用视图状态既有优点又有缺点，在做出状态管理决策之前可能要仔细地权衡。首先，视图状态不需要任何服务器资源，实现和使用比较简单。因为它是页面的实际组成部分，所以检索和使用它的速度很快。对于这一点，虽然在某些方面它是优点但是从更广泛的角度考虑页面性能，这是一个很大的弱点。

因为视图状态包含在页面中，不可避免地使通过 HTTP 传输的 HTML 代码增加了几

KB 数据，而且从浏览器的角度看这些是无用的数据。一个复杂的实际页面，特别在没有优化和限制视图状态使用的情况下，很容易发现在发送给浏览器的 HTML 代码中包含的 20KB 额外数据。

总之，视图状态是 ASP.NET 的最重要特征之一，这不仅仅是由于它的技术相关性，而且由于它支持 Web 窗体模型的绝大多数"魔力"。然而，如果没有严格的标准加以约束，视图状态很容易成为页面的负担。

1. StateBag 类

StateBag 类是视图状态所基于的类，管理 ASP.NET 页面和控件在相同页面实例的连续投递之间需要持久存储的信息。该类的作用就像一个字典，另外它实现了 IStateManager 接口。Page 和 Control 基类通过 ViewState 属性提供视图状态。因此，可以像操作字典对象那样添加或删除 StateBase 类中的项目，如下面的代码所示：

ViewState["FontSize"] = value;

只有在 Init 事件为页面请求激发之后，才能开始写入视图状态。可以在页面生命期的任何阶段从视图状态中读取值，但是在页面进入生成模式之后（即 PreRender 事件激发之后）不能读取。

（1）视图状态的属性

表 6.10 列出了 StateBag 类中定义的全部属性。

表 6.10 StateBag 类的属性

属　　性	描　　述
Count	获得该对象中存储的元素数
Item	索引器属性，获得或设置该类中存储的一个项的值
Keys	获得一个集合对象，其中包含该对象中定义的键
Values	获得一个集合对象，其中包含该对象中存储的全部值

StateBag 类中的每一项由一个 StateItem 对象表示。用一个值设置 Item 索引器属性，或者调用 Add 方法时，隐式地创建 StateItem 对象的一个实例。添加到 StateBag 对象中的项一直被跟踪，直到视图状态页面呈现之前被序列化为止。

（2）视图状态的方法

表 6.11 列出了 StateBag 类中可以调用的全部方法。

表 6.11 StateBag 类的方法

方　　法	描　　述
Add	添加一个新的 StateItem 对象到该集合中。如果该项已经存在，则更新它
Clear	删除当前视图状态中的所有项目
GetEnumerator	返回一个遍历 StateBag 中的所有元素的对象
IsItemDirty	指示具有指定键的元素在请求处理过程中是否已被修改
Remove	删除 StateBag 对象中的指定对象

IsItemDirty 方法表示一种间接调用指定的 StateBag 对象的 IsDirty 属性的方法。

注意

　　页面的视图状态是一个集合属性，是根据页面的 ViewState 属性的内容和该页面中所有控件的视图状态产生的。

　　2. 视图状态的常见问题

　　从体系结构上讲，视图状态的重要性是不可否认的，因为它是建立 ASP.NET 的自动状态管理特征的关键。然而，有两个热点问题与视图状态的使用有关。关于视图状态，最常问的问题是安全性和性能。视图状态本来就是安全的并且不能被篡改，可以这么说吗？视图状态中包含的额外信息将如何影响页面的下载时间？下面将弄清楚这些问题。

　　（1）加密和安全

　　到底用不用视图状态令很多开发人员举棋不定，其中的一个原因是它存储在一个隐藏字段中，并留在客户端，任由潜在的入侵者摆布。虽然数据以散列格式存储，但并不能绝对保证它不会被篡改。第一个要点是，ASP.NET 中实现的视图状态本来就比可能使用的（以及在旧式的经典 ASP 应用程序中可能使用的）任何其他隐藏字段更安全。第二个要点是，只有数据机密性存在被泄露的风险。虽然这是一个问题，但是相对于代码注入是次要的。

　　视图状态信息存储在一个可以自由访问的名为_VIEWSTATE 的隐藏字段中，在默认情况下被散列处理并用 Base64 进行编码。要在客户端对它进行解码，潜在的攻击者必须完成很多步骤，但是这种攻击的确是可能的。然而，一旦被解码，视图状态只是泄露它的内容，即机密性受到危险。但是，攻击者无法修改视图状态以投递恶意数据。实际上，被篡改的视图状态通常可以在服务器上被检测到，从而抛出一个异常。

　　考虑到性能，视图状态不进行加密。然而如果需要，可以通过 web.config 文件打开加密功能：

```
<machineKey validation="3DES" />
```

　　当 validation 属性设置为 3DES 时，视图状态验证技术使用 3DES 加密法，并且不对内容进行散列处理。

　　（2）机器验证检查

　　@Page 指令包含一个名为 EnableViewStateMac 的属性，它的唯一目的是通过检测任何可能破坏原始数据的企图，使视图状态更安全。当视图状态被序列化时，并且如果EnableViewStateMac 属性设置为 true，则根据配置文件的<machineKey>节中定义的算法和键，把一个验证器散列字符串添加到视图状态。最后所得到的字节数组（StateBag 的二进制序列化的输出加上散列值）是用 Base64 编码的。在默认情况下，计算散列值的加密算法是 SHA1，加密和解密密钥是自动生成的，并存储在 Web 服务器机器的 Local Security Authority（LSA）子系统中。LSA 是 Windows NT、Windows 2000、Windows Server 2003 和 Windows XP 的保护组件。它提供安全服务并维护系统本地安全的所有方面的信息。

　　如果 EnableViewStateMac 为 true，则当页面回发时 LSA 提取散列值并用它验证返回的视图状态在客户端没有被篡改。如果被篡改了，则抛出一个异常。实际结果是，我们可能能够读取视图状态的内容，但必须有加密密钥才能替换它，而该密钥在 Web 服务器的 LSA 中。EnableViewStateMac 属性的名称中的 MAC 代表 Machine Authentication Check（机器验证检查），在默认情况下被禁用。如果禁用该属性则攻击者能够在客户端修改视图状态信息，并发送修改版给服务器，让 ASP.NET 使用被篡改过的信息。

为了增强视图状态的安全性，在 ASP.NET 中已经把 ViewStateUserKey 属性添加到 Page 类中。该属性等于服务器已知的一个特定用户字符串（通常是会话 ID），在客户端很难猜测。ASP.NET 使用该属性的内容，作为生成 MAC 代码的散列算法的一个输入参数。

（3）页面大小阈值和页面吞吐量

笔者的个人观点是应当关心视图状态，而不是它可能在代码中打开的潜在漏洞——它只能让黑客利用现有的漏洞。应当进一步关心页面的总体性能和响应性。尤其是使用了大量控件的特征丰富的页面，视图状态可以达到相当大的量（按 KB 计的数据量）。这样一个额外负担会加重所有请求的下载和上传负担，最终造成整个应用程序的严重开销。

ASP.NET 页面的合理大小应该是多少呢？一个页面的视图状态呢？来看一个示例页面，它包含一个绑定到 100 个记录（SQL Server 数据库 Northwind 的 Customers 表）的网格控件。

```
<html>
<head runat="server">
    <title>Measure Up Your ViewState (2.0)</title>
</head>
<script language="javascript">
function ShowViewStateSize()
{
    var buf = document.forms[0]["__VIEWSTATE"].value;
    alert("View state is " + buf.length + " bytes");
}
</script>
<body>
    <form id="form1" runat="server">
        <input type="button" value="Show View State Size"
            onclick="ShowViewStateSize()">
        <asp:SqlDataSource ID="SqlDataSource1" runat="server"
        SelectCommand="SELECT companyname, contactname, contacttitle FROM customers"
        ConnectionString="<%$ ConnectionStrings:LocalNWind %>"
        <asp:DataGrid ID="grid" runat="server"
            DataSourceID="SqlDataSource1" />
    </form>
</body>
</html>
```

该页面的总大小大约是 20KB。仅视图状态就占用了约 11KB，视图状态占了页面下载量的很大比例。视图状态的理想大小大约是 7KB，最好使它小于 3KB。在任何情况下，无论视图状态的绝对大小是多少，绝不应该超过页面大小的 30%。

3．没有视图状态的 Web 窗体编程

默认情况下，视图状态对所有的服务器控件都启用，然而这并不表示在任何时候对任何控件都必须严格地这么做。视图状态特征的运用应谨慎地加以监督，因为它可能会阻碍代码。视图状态节省了大量编码工作，更重要的是它使编码更简单、更灵活。然而，如果发现自己要对此特征付出太多的代价，则完全取消视图状态并在每次回发时重新初始化大小关键控件的状态。在这种情况下，禁用视图状态可以节省处理时间，加快下载进程。

（1）禁用视图状态

通过使用@Page 指令的 EnableViewState 属性，可以禁用整个页面的视图状态。虽然一般不建议这么做，但对于既不回发又不需要维护状态的只读页面，确实应当考虑禁用视图状态：

```
<% @Page EnableViewState="false" %>
```

一种更好的方法是只禁用页面所托管的一些控件的视图状态。要逐个控件地禁用视图状态，将各控件的 EnableViewState 属性设置为 false，如下所示：

```
<asp:GridView ID="GridView1" runat="server" EnableViewState="false">
</asp:GridView>
```

在开发页面时通过禁用页面上的跟踪功能，可以控制视图状态的大小。跟踪器不显示页面的视图状态的总量，但它使用户能够准确地把握每个控件在做什么。

（2）确定何时禁用视图状态

下面简明扼要地重述关于视图状态的一切，以及在页面中禁用它的情况下可能会损失什么。视图状态表示正好在一个页面被生成 HTML 之前，该页面及其控件的当前状态。当该页面回发时，从隐藏字段中恢复视图状态（该页面请求的一种调用上下文），并用来初始化该页面中的服务器控件和页面本身。

加载视图状态以后页面读取客户端投递的信息，并使用那些值覆盖服务器控件的大多数设置。应用投递的值覆盖从视图状态中读取的一些设置。在这种情况下，不难理解，只有被投递的值修改的属性，视图状态才表示一种额外的负担。

下面来分析一种典型情况，假设页面有一个文本框服务器控件。我们所期望的是，当页面回发时，该文本框服务器控件自动地被赋予客户端设置的值。然而，为了满足这种相当普通的需求，不需要视图状态。考虑如下页面：

```
<% @Page language="c#" %>
<form runat="server">
    <asp:textbox runat="server" enableviewstate="false"
        id="theInput" readonly="false" text="Type here" />
    <asp:checkbox runat="server" enableviewstate="false"
        id="theCheck" text="Check me" />
    <asp:button runat="server" text="Click" onclick="OnPost" />
</form>
```

显然，即使禁用了几个控件的视图状态，该页面的行为也是有状态的。原因在于该页面使用了 TextBox 和 CheckBox 两个服务器控件，它们的关键属性（Text 和 Checked）根据用户设置的值进行更新。对于这些属性，投递的值将覆盖视图状态可能已经设置的任何设置。因而，如果只对持久地存储这些属性感兴趣，则根本不需要视图状态。

同样，.aspx 文件中设计时设置的所有控件属性以及在会话期间不会发生变化的所有控件属性，不需要启用视图状态。如下代码说明了这一点：

```
<asp:textbox runat="server" id="TextBox1" Text="Some text"
    MaxLength="20" ReadOnly="true" />
```

不需要用视图状态来使 TextBox 的 Text 属性保持最新。只要这些属性在页面的生命期会改变其值，如 ReadOnly 或 MaxLength 属性，就不需要使用视图状态来更新它们。如果这两个属性在页面生命期内保持不变，也不需要对它们启用视图状态。

那么什么时候真正需要视图状态呢？

每当页面要求在页面生命期内更新附属控件的属性（不受投递的值支配），就需要视图状态。在这种情况下，"已更新的（updated）"表示原始值发生变化，要么是默认值，要么是设计时赋给该属性的值。考虑如下窗体：

```
<script runat="server">
    void Page_Load(object sender, EventArgs e)
    {
        if (!IsPostBack)
            theInput.ReadOnly = true;
    }
</script>
<form id="form1" runat="server">
    <asp:textbox runat="server" id="theInput" text="Am I read-only?" />
<asp:button ID="Button1" runat="server" text="Click" onclick="OnPost" />
</form>
```

第一次加载该页面时文本框是只读的。接着单击该按钮以回发页面。如果视图状态被启用则页面如期望的那样起作用，并且文本框保持只读。如果禁用该文本框的视图状态，则恢复 ReadOnly 属性的原始设置，这里为 false。

一般而言，只要状态信息可以从客户端或运行时环境中推断出，就不需要视图状态。相反，如果状态信息不能动态地推断出，并且不能保证页面回发时正确恢复所有属性则必须启用视图状态。这正好是视图状态以下载和上传额外的字节为代价能做到的。要节省那些字节，就必须提供一种替代方法。

禁用视图状态也会提出一些难于诊断和修复的更微妙的问题，尤其在使用第三方控件或者可以访问源代码的控件时。实际上，一些 ASP.NET 控件不仅可以把编程接口的官方属性保存到视图状态中，而且还可以把内部属性以及标记为保护的（甚至是私有的）行为属性保存到视图状态中。

6.5 ASP.NET 配置管理

6.5.1 ASP.NET 配置概述

使用 ASP.NET 配置系统的功能可以配置整个服务器上的所有 ASP.NET 应用程序、单个 ASP.NET 应用程序、各个页面或应用程序子目录。也可以配置各种功能，如身份验证模式、页缓存、编译器选项、自定义错误、调试和跟踪选项等。

ASP.NET 配置数据存储在全部命名为 web.config 的 XML 文本文件中，web.config 配置文件可以出现在 ASP.NET 应用程序的多个目录中。使用这些文件可以在将应用程序部署到服务器上之前、期间或之后方便地编辑配置数据。可以通过使用标准的文本编辑器、ASP.NET MMC 管理单元、网站管理工具或 ASP.NET 配置 API 来创建和编辑 ASP.NET 配置文件。ASP.NET 配置文件将应用程序配制设置与应用程序代码分开。通过将配置数据与代码分开可以方便地设置与应用程序关联，在部署应用程序之后根据需要更改设置以及扩展配置架构。

在许多应用程序中需要存储并使用对用户唯一的信息。当用户访问站点时可以使用已存储的信息向用户显示 Web 应用程序的个性化版本。个性化应用程序需要大量的元素，必须使用唯一的用户标识符存储信息，能够在用户再次访问时识别用户然后根据需要获取用户信息。若要简化应用程序，则可以使用 ASP.NET 配置文件功能，该功能可执行所有上述任务。

每个 web.config 配置文件都将配置设置应用于它所在的目录以及它下面的所有子目录。可以选择用子目录中的设置重写或修改父目录中指定的设置。通过在 location 元素中指定一个路径，可以选择将 web.config 配置文件中的配置设置应用于个别文件或子目录。

运行时，ASP.NET 使用 web.config 配置文件按层次结构为传入的每个 URL 请求计算唯一的配置设置集合。这些设置只计算一次，随后将缓存在服务器上。ASP.NET 检测对配置文件进行的任何更改，然后自动将这些更改应用于受影响的应用程序，而且大多数情况下会重新启动应用程序。只要更改层次结构中的配置文件，就会自动计算并在此缓存分层配置设置。除非 processModel 节已更改，否则 IIS 服务器不必重新启动，所做的更改即生效。

在应用程序运行时，ASP.NET 会创建一个 ProfileCommon 类，该类是一个动态生成的类，从 ProfileBase 类继承而来。动态的 ProfileCommomn 类包括根据在应用程序配置中指定的配制文件属性而定义创建的属性。将此动态 ProfileCommomn 类的实例设置为当前 HttpContext 的 Profile 属性值，并且可以在应用程序的页中使用。它可以收集要存储的值，并将其赋值给已定义的配置文件属性。例如，应用程序的主页可能包含提示用户输入邮政编码的文本框。在用户输入邮政编码时，可以设置 Profile 属性以存储当前用户的值。

使用 ASP.NET 配置系统所提供的工具来配置应用程序比使用文本编辑器简单，因为这些工具包括错误检测功能。ASP.NET 配置系统提供一个完整的托管接口，使用该接口可以通过编程方式配置 ASP.NET 应用程序，不必直接编辑 XML 配置文件。ASP.NET 配置系统有助于防止未经授权的用户访问配置文件。ASP.NET 将 IIS 配置为拒绝任何浏览器访问的 Machine.config 或 web.config。

6.5.2　web.config 配置文件的优点

通过 6.5.1 节的学习了解了 ASP.NET 配置中的要点以及配置 ASP.NET 应用程序的方法，还有配置文件的应用。6.5.1 节已经介绍 ASP.NET 应用程序的配置信息都存储在基于 XML 格式的 web.config 配置文件中，这使 ASP.NET 配置变得灵活、容易实现并提高了开发效率，具体优点如下：

（1）配置设置的易读性。所有的配置信息都存储在 XML 文本文件中，可以使用文本编辑器或 XML 编辑器（如 Visual Studio .NET）直接编辑配置文件进行查看和修改。

（2）更新的即时性。ASP.NET 应用程序配置的更新是即时的，无须重启 Web 服务器就能使配置应用于正在运行的系统，它对终端用户是完全透明的。

（3）无须访问本地服务器。在更新配置系统时，ASP.NET 可以自动探测配置文件的变化，然后创建一个新的应用程序实例。终端用户被重定向到这个新的应用程序时无须访问本地服务器，配置的改变自动可以投入应用。

（4）易于复制。ASP.NET 配置文件是 XML 格式，因此可以简单地将 IIS（Internet 信息服务）中的 Web 应用程序文件复制到其他合适的位置。

（5）保护配置文件。ASP.NET 通过配置 IIS 阻止对配置文件的浏览器直接访问，从而保护配置文件不受外部访问。

（6）可扩展性。ASP.NET 的配置系统具有很强的扩展性。用户可以自定义新的配置参数，通过编写相应的处理程序来处理它们。

6.5.3　web.config 结构

在 ASP.NET 应用程序中，所有的 ASP.NET 配置信息都存储在 web.config 配置文件的 configuration 元素中。该元素中的配置信息分为两个主区域，即配置节处理程序声明区域和配置节设置区域。

1. 配置节处理程序声明区域

配置节处理程序声明区域驻留在 web.config 配置文件的 configSections 元素内。它包含在声明节处理程序中的 ASP.NET 配置 section 元素中。可以将这些配置节处理程序声明嵌套在 sectionGroup 元素中，帮助组织配置信息。通常 sectionGroup 元素表示要应用配置设置的命名空间。例如，所有 ASP.NET 配置节处理程序都在 system.web 节组中进行分组，代码如下：

```
<sectiongGroup name="system.web.extensions"type="System.Web.Configuration. ystemWebExtensionsSectionGroup,
System.Web.Exensions,Version=3.5.0.0,Culture=neutral,PublicKeyToken=31BF3856AD364E35">
```

配置节设置区域中的每个配置节都有一个节处理程序声名。节处理程序用来实现 ConfigurationSection 接口的.NET Framework 类。节处理程序声名中包含配置设置节的名称（如 roleService）以及用来处理该节中配置数据的节处理程序类的名称（如 System.Web. Configuration.ScriptingRoleServiceSection）。下面的示例中阐述了这一点。

```
<section name="roleservice"tpye="System.Web.Configuration.ScriptingroleServiceSection,System.Web.
Extensions,Extensions,Version=3.5.0.0,Culture=neutral,PublicKeyToken=31BF3856AD364E35"requirePermissi
on="false"allowDefinition="MachineToApplication"/>
```

在 ASP.NET 应用程序的配置文件中声名一次处理程序即可，web.config 配置文件和 ASP.NET 应用程序中的其他配置文件都自动继承在 Machine.config 文件中声名的配置处理程序。只有当创建用来处理自定义设置节的自定义节处理程序类时，用户才需要声名新的节处理程序。

2. 配置节设置区域

配置节设置区域位于配置节处理程序声名区域之后，它包含实际的配置设置。默认情况下，在内部或者在某个根配置文件中，对于 configSections 区域的每一个 section 和 sectionGroup 元素都会有一个指定的配置节元素。这些配置节元素可以包含子元素，这些子元素与其父元素由同一个节处理程序处理。例如，下面的 pages 元素包含一个 controls 元素，该元素没有相应的节处理程序，因为它由 pages 节处理程序来处理。

```
<pages>
<controls>
<add tagprefix="asp"namespace="System.Web.UI"assembly="System.Web.Extensions,Version=3.5.0.0,
         Culture=neutral,PublicKeyToken=31BF3856AD364E35"/>
<add tagPrefix="asp"namespace="System.Web.UI.WebControls"assembly="System.Web.Extensions,
         Version=3.5.0.0,Culture=nertral,publicKeyToken=31BF3856AD364E35"/>
</controls>
</pages>
```

6.5.4　配置文件层次结构

ASP.NET 配置文件成为 web.config 配置文件时，它可以出现在 ASP.NET 应用程序的多个目录中。ASP.NET 配置层次结构具有下列特征：

（1）使用应用配置文件所在目录及其所有子目录中的资源的配置文件。

（2）允许将配置数据放在将使它具有适当范围（整台计算机、所有的 Web 应用程序、单个应用程序或该应用程序中的子目录）的位置。

（3）允许重写从配置层次结构中较高级别继承的配置设置。还允许锁定配制设置以及防止它被较低级别的配置设置所重写。

（4）将逻辑关系设置成节的形式。

根据配置文件层次结构的特点，为了在适当的目录级别实现应用程序所需级别的详细配置信息而不影响较高目录级别中的配置设置，通常在相应的子目录下放置一个 web.config 配置文件进行单独配置。这些子目录下的 web.config 配置文件与其上级配置文件形成一种层次结构。这样每个 web.config 配置文件都将继承上级配置文件并设置自己特有的配置信息，应用于它所在目录及它下面的所有子目录。

ASP.NET 应用程序配置文件都继承于该服务器上的一个根 web.config 配置文件进行单独配置。这些子目录下的 web.config 配置文件与其上级配置文件形成一种层次结构。这样每个 web.config 配置文件都将继承上级配置文件并设置自己特有的配置信息，应用于它所在的目录以及它下面的所有子目录。

ASP.NET 应用程序配置文件都继承于该服务器上的一个根 web.config 配置文件，也就是 systemroot\Microsoft\Framework\versionNumber\CONFIG\web.config 文件，该文件包括应用于所有运行某一具体版本.NET Framework、ASP.NET 应用程序的配置。由于每个ASP.NET应用程序都是从根 web.config 配置文件那里继承默认配置设置的，因此只需为重写默认设置创建 web.config 配置文件。同时所有的.NET Framework 应用程序（不仅是 ASP.NET 应用程序）都从一个名为\Windows\Microsoft.Net\Framework\v2.x\Config\Machine.config.comments 的文件中继承本节配置设置和默认值。Machine.config 文件用于服务器级的配置设置，其中的某些设置不能在位于层次结构中较低级别的配置文件中被重写。

表 6.12 所示为每个文件在配置层次结构中的级别、名称以及对每个文件的重要继承特征的说明。

表 6.12　配置文件相关说明

配 置 级 别	文 件 名	文 件 说 明
服务器	Machine.config	Machine.config 文件包含服务器上所有 Web 应用程序的 ASP.NET 架构。此文件位于配置合并层次结构的顶层
根 Web	web.config	服务器的 web.config 文件与 Machine.config 文件存储在同一个目录中，它包含大部分 system.web 配置节的默认值。运行时，此文件是从配置层次结构中的从上往下第二层合并的
网站	web.config	特定网站的 web.config 文件包含应用于该网站的设置，并向下继承到该站点的所有 ASP.NET 应用程序和子目录
ASP.NET 应用程序根目录	web.config	特定 ASP.NET 应用程序的 web.config 文件位于该应用程序的根目录中，它包含应用于 Web 应用程序并向下继承其分支中的所有子目录的设置
ASP.NET 应用程序子目录	web.config	应用程序子目录的 web.config 文件包含应用于此子目录并向下继承到其分支中的所有子目录的设置
客户端应用程序目录	应用程序名称.config	应用程序名称.config 文件包含 Windows 客户端应用程序（非 Web 应用程序）的设置

6.5.5　web.config 配置元素

配置文件中有大量的配置元素，本节将讲解 web.config 配置文件的主要配置元素。

1. <configuration>节点

在该配置节点为公共语言运行库.NET Framework 应用程序所使用的每个配置文件中的根元素。在其内部封装了其他所有的配置元素节点，其示例如下。

<configuration>其他配置节点元素</configuration>

2. <configSections>节点

<configSections>节点主要指定配置节和命名空间，由于 ASP.NET 不对处理配置文件内的设置作任何假设，因此它非常必要。但 ASP.NET 会将配置数据的处理委托给配置节处理

程序。在该节点中包含子元素 clear、remove、section、sectionGroup，它的父元素的值是 <configuration> 节。下面对该元素下的子元素进行简单介绍：

（1）clear 清除对继承的节点和节点组的所有引用，只允许由当前 section 和 sectionGroup 元素添加的节点和节点组。

（2）remove 移除对继承的节点和节点组的引用。

（3）section 定义配置节点处理程序与配置元素之间的关联。

（4）sectionGroup 定义配置节点处理程序与配置节点之间的关联。

 注意

> 如果配置文件中包含 configSections 元素，则 configSections 元素必须是 configuration 元素的第一个子元素。

每个 section 元素标示一个配置节点或元素以及对该配置节点或元素进行处理的关联 ConfigurationSection 派生类。可以在 sectionGroup 元素中对 section 元素进行逻辑分组，对 section 元素进行组织以避免命名冲突。section 和 sectionGroup 元素包含在 configSections 元素中。下面所示代码为 configSections 节点的一个示例。

```
<configsections>
<sectionGroup name="system.web.extensions"type="system.Web.Configuration.SystemWebExtensionssectionGroup,
System.Web.Extensions,Version=3.5.0.0,Culture=neutral,PublicKeyToken=31BF3856AD364E35">
<sectionGroup    name="scripting"type="System.Web.configuration.ScriptingSectionGroup,System.Web.
Extensions,Version=3.5.0.0,Culture=netral,PublicKeyToken=31BF3856AD364E35">
<section name="scriptResourceHandler"type="system.Web.Configuration.ScriptingScriptResourceHandlerSection,
System.Web.Extensions,Verison=3.5.0.0,Culure=neutral,PubokcKeyToken=31BF3856AD364E35"requriePermis
sion="false"allowDefinition="MachineToApplication/">
</sectionGroup>
</sectionGroup>
</configSections>
```

3. <appSettings>节点

该配置节点包含自定义应用程序设置，如文件路径、XML Web Services URL 或存储在应用程序.ini 文件中的任何信息。该节点的语法格式如下：

```
<appSettings
    File="relative file name">
    </appSettings>
```

可以使用 ConfigurationSettings 类在代码中访问 appSettings 元素中指定的键或值对；可以使用 file 属性指定一个配置文件，该配置文件提供其他设置或重写 appSettings 元素中指定的设置；可以将 file 属性用于源代码管理开发方案。

该配置节点还包括 add、remove 和 clear 子元素，这 3 个子元素皆为可选元素。

4. <connectionStrings>节点

connectionStrings 元素为 ASP.NET 应用程序和 ASP.NET 功能指定数据库连接字符串（名称或值对的形式）的集合。会话、成员资格、个性化设置和角色管理器等功能均依赖于存储在 connectionStrings 元素中的连接字符串，还可以使用 connectionStrings 元素来存储应用程序的连接字符串。该节点有 3 个子元素，如表 6.13 所示。

表 6.13　<connectionStrings>节点的子元素

元　　素	说　　明
add	向连接字符串集合添加名称或值对形式的连接字符串
clear	清除所有对继承的连接字符串的引用，仅允许那些由当前的 add 元素添加的连接字符串
remove	从连接字符串集合中移除对继承的连接字符串的引用

下面列举一个该节点的实例，具体代码如下所示。

```
<connectionStrings>
    <add
        name="LocalSqlServer"
        connectionString="data source=.\SQLEXPRESS;Integrated Security=SSPI;AttachDBFilename=
                DataDirectory|aspnetdb.mdf;User Instance=true"
        providerName="System.Data.SqlClient"/>
</connectionStrings>
```

5．<compilation>节点

该配置节点位于<system.Web>标记中，用于定义使用哪种语言编译器来编译 Web 页面以及编译页面时是否包含调试信息。它主要对以下 4 种属性进行设置。

（1）defaultLanguage 设置在默认情况下 Web 页面的脚本块中使用的语言。支持的语言有 Visual Basic、C#和 JavaScript。可以选择其中的一种，也可以选择多种，方法是使用一个分号分隔语言名称。

（2）debug 设置编译后的 Web 页面是否包含调试信息。其值为 true 时将启用 ASPX 调试；为 false 时不启用，但可以提高应用程序运行时的性能。

（3）explicit 设置是否启用 Visula Basic 显示编译选型功能。其值为 true 时启用，false 时不启用。

（4）strict 设置是否启用 Visula Basic 限制编译选项功能。其值为 true 时启用，false 时不启用。

<compilation>元素配置示例如下：

```
<configuration>
<system.web>
<compilation
        defaultLanguage="c#"
    debug="true"
    explicit="true"
 strict="true"/>
</system.web>
</configuration>
```

在<compilation>元素中还可以添加<compiler>、<assemblies>、<namespace>等子标记，

它们的使用可以更好地完成编译方面的有关设置，这里不再详述。

6. <authentication>节点

authentication 元素为 ASP.NET 应用程序配置 ASP.NET 身份验证方案。身份验证方案确定如何识别要查看 ASP.NET 应用程序的用户。Mode 属性指定身份验证方案，该属性包括 4 个值，为必选属性，表 6.14 所示为该属性值的详细介绍。

表 6.14　Mode 属性值

值	说　明
windows	将 windows 验证指定为默认的身份验证模式。将它与以下任意形式的 microsoft Internet 信息服务 IIS 身份验证结合起来使用：基本、摘要、集成 windows 身份验证 NTLM/Kerberos 或证书。在这种情况下，应用程序将身份验证责任委托给基础 IIS
forms	将 ASP.NET 基于窗体的身份验证指定为默认身份验证模式
passport	将 microsoft passport network 身份验证指定为默认身份验证模式
none	不指定任何身份验证。应用程序仅期待匿名用户，否则它将提供自己的身份验证

该配置节点包括 forms 和 passport 两个子元素，forms 元素是为基于窗体的自定义身份验证配置 ASP.NET 应用程序，passport 元素是指定重定向到的页面。下面介绍一个 authentication 配置节点的实例，其代码如下：

```
<forms
        Name=".ASPXAUTH"
        loginUrl="login.aspx"
        defaultUrl="default.aspx"
        protection="All"
        timeout="30"
        path="/"
        requireSSL="false"
        slidingExpiration="true"
        cookieless="UseDeviceProfile"domain=""
        enableCrossAppRedirects="false">
        <credentials passwordFormat="SHA1">
</forms>
```

7. <customErrors>节点

完整的异常信息包括确切的服务器异常信息和服务器堆栈跟踪信息。筛选后的信息包括标准的远程异常信息，不包括服务器堆栈跟踪信息。该配置节点用于完成两项工作：一是启用或禁止自定义错误；二是在指定的错误发生时，将用户重定向到某个 URL。它只有一个属性并且是必选的属性即 Mode 属性，该配置节点的语法格式如下：

```
<customErrors>
        Mode="Off|OnRemoteonl"
/>
```

特别说明一下，该配置节点的父元素有 configuration 和 system.runtime.runtime. remoting 两个。

8. <globalization>节点

如果服务器或应用程序的 fileEncoding 属性设置已配置为使用 UTF-16，但 UTF-16 不是配置文件范围内的.aspx 页所使用的编码，则发送到客户端浏览器的输出将会损坏并且可能会显示页的源代码。应该确保已配置的 fileEncoding 值与该页中使用的编码是相符的。该节点包括以下 3 种属性。

（1）fileEncoding 用于定义编码类型，供分析 ASPX、ASAX 和 ASMX 文件时使用。

（2）requestEncoding 指定 ASP.NET 处理的每个请求的编码类型，其可能的取值与 fileEncoding 特性相同。

（3）responseEncoding 指定 ASP.NET 处理的每个响应的编码类型，其可能的取值与 fileEncoding 特性相同。

该配置节点示例如下：

```
<configuration>
    <system.web>
    <globalization>
    fileEncoding="utf-8"
    requestEncoding="utf-8"
    responseEncoding="utf-8"/>
    </system.web>
</configuration>
```

9. <sessionState>节点

sessionState 元素配置当前应用程序的会话状态设置。新客户端在开始与 Web 应用程序交互时会发出一个会话 ID，并且该 ID 将与会话有效期间从同一客户端发出的所有后续请求关联。此 ID 用于在不同的请求中保持与客户端会话关联的服务器端状态。sessionState 元素控制 ASP.NET 应用程序为每个客户端建立并保持这种联系。这种机制非常灵活，可以提供许多功能，其中包括承载进程外的会话状态信息以及在不使用 Cookie 对象的情况下跟踪状态。该配置节点示例如下：

```
<configuration>
<system.web>
  <sessionState
        Mode="sqlserver"
        stateConnectionString="tcpip=127.0.0.1:8080"
      sqlConnectionString="data source =127.0.0.1;user id=sa;password="Cookieless="false">
        Timeout="25"/>
</system.web>
  </configuration>
```

虽然对用于网页中的脚本数量并无任何限制，但如果没有某种形式的数据，很快就会进入一个死胡同。数据构成了 Web 站点的实际内容或者指出了如何设置 Web 站点，因此总的来说数据是非常重要的。如果围绕数据存储建立 Web 站点，改变 Web 站点时只需要改变相应的数据即可。

第7章 ASP.NET 的常用组件对象

7.1 ASP.NET 内建对象概述

在 ASP.NET 中包含 6 个无须创建即可直接调用和访问的内置对象，即 Request、Response、Session、Application、Server 和 Cookie 对象。当 Web 应用程序运行时，这些对象可以用来维护有关当前应用程序、HTTP 请求、Web 服务器的活动状态等基本信息，并为用户的 HTTP 请求与 Web 服务器的处理交互提供桥梁作用。而在 ASP.NET 中，这些对象仍然存在。不同的是，在 ASP.NET 中这些内部对象是由封装好的类来定义的，且已成为 HttpContext 类的属性。由于 ASP.NET 在初始化页面请求时已经自动地创建了这些内部对象，因此可以直接使用它们而无须再对类进行实例化。

ASP.NET 内置对象是由 IIS 控制台初始化的 ActiveX DLL 组件。因为 IIS 可以初始化内置组件并用于 ASP.NET 中，所以程序员可以直接引用内置组件来实现编程，即可以在应用程序中通过引用内置组件来实现访问 ASP.NET 内置对象功能。

ASP.NET 提供的内置对象有 Page、Request、Response、Server、Application、Sessioin、Cache 和 Cookie。这些对象使程序员更容易收集通过浏览器请求发送的消息、响应浏览器以及存储用户信息，实现其他特定的状态管理和页面信息传递。本章将对这些内置对象逐一介绍。表 7.1 列出了 ASP.NET 中常见的内置对象。

表 7.1 ASP.NET 中常见的内置对象

对 象 名	说 明
Page	处理当前页面元素
Request	向服务器发出请求的对象
Response	服务器处理完客户请求后发送给客户的应答
Server	获取或设置服务器对象
Application	获取或设置 ASP.NET 应用程序的公共变量
Session	获取或设置 ASP.NET 页面的私有变量
Cookie	保存于客户端的共享信息
Cache	对 Web 应用程序的缓存进行管理

7.2 ASP.NET 常用内建对象

7.2.1 Page 对象

Page 对象用于处理当前页面元素，有 IsPostBack、IsValid 等常用属性和 Init、Load、

Unload 等常用事件。

Page_Init 事件用于对页面初始化，在 Web 服务器端首先需要加载一个 Page_Init。它和 Page_Load 不同，前者是初始化，后者是在初始化的基础上进行加载。例如，用户在浏览器页面触发了某个事件后，客户端将窗口数据传回到服务器，服务器需要重新加载，然后再将数据返回到客户端，于是客户端也再次加载，但是这一次加载的时候就不会再加载 Page_Init 对象了，而是直接运行 Page_Load 事件。

Page_Load 事件是最常用的事件，每次都需要加载，可以在事件里面实现很多对象、属性的使用。

IsPostBack 用来获取一个值，该值指示页是第一次呈现还是为了响应回发而加载。

IsValid 获取一个值，该值指示页验证是否成功。

【例 7.1】观察页面初次加载和非初次加载显示结果的不同。

Load.aspx:

```
<%@ Page Language="C#" AutoEventWireup="true" CodeBehind=" Load.aspx.cs" Inherits="WebApplication1._Load" %>
<html xmlns="http://www.w3.org/1999/xhtml" >
<head runat="server">
    <title></title>
</head>
<body>
    <form id="form1" runat="server">
    <div>
            <asp:Label ID="Label1" runat="server" Text="Label"></asp:Label>
<asp:Button ID="Button1" runat="server" Text="Button"
 onclick="Button1_Click" />
    </div>
    </form>
</body>
</html>
```

Load.aspx.cs:

```
using System;
using System.Collections.Generic;
...
namespace WebApplication1
{
    public partial class _Load : System.Web.UI.Page
    {
        protected void Page_Load(object sender, EventArgs e)
        {
            if (!IsPostBack)
            {
                Label1.Text = "页面初次加载访问得到的结果！";
            }

        }
        protected void Button1_Click(object sender, EventArgs e)
```

```
        {
            if (IsPostBack)
            {
                Label1.Text = "不是第一次加载页面得到的结果！";
            }
        }
    }
```

7.2.2　Request 对象

在浏览器和 Web 服务器之间，请求与响应中发生的信息可通过 ASP.NET 中的两个内建对象来进行访问和管理。这两个对象是 Request 对象和 Response 对象。在 ASP.NET 页面中所要进行的工作几乎都要涉及这两个对象。它们的主要用途是访问用户发给服务器的值，并创建合适的输出返回给用户。另外，它们还有许多共享元素，如两个对象都可以使用存储在客户端计算机上的 Cookie。Request 对象和 Response 对象的关系如图 7.1 所示。

图 7.1　Request 对象和 Response 对象的关系

当浏览器向 Web 站点提出页面请求时，首先要做的是向服务器发送连接请求，请求内容包括服务器地址和所请求页面的路径等。服务器会将请求的路径和页面的路径组合以确定所请求的页面，然后返回客户端。客户端向服务器发送数据时有多种方法，其中最常用的就是 GET 方法和 POST 方法。

GET 方法传递数据时有两种形式。一种是在所请求页面的 URL 后添加数据，被传递的数据与页面 URL 之间通过问号"?"隔开。传递数据的格式为 name=value，name 是要传递的数据名，value 是传递的数据。当有多个值要传递时，多个值之间使用符号"&"分隔开。这种方式主要用在超链接中，当传递数据不多时，可以直接通过链接来传递数据。另一种方式是在 HTML 页面中使用表单，并且设置表单的 METHOD 属性的值为 GET。

GET 方法只适合于传递的数据比较少的情况，对传递的数据比较多时，就需要用 POST 方法。

POST 方法只能由 HTML 页面的表单来实现，即设置表单的 METHOD 属性值为 POST。

当客户端请求一个页面或者发送一个表单时，服务器端将使用 Request 对象获取客户端提供的全部信息，包括从 HTML 表单用 POST 方法或 GET 方法传递的参数、Cookie 和用户认证。

1. Request 对象的成员

Request 对象可访问任何基于 HTTP 请求传递的信息，包括从 HTML 表格用 POST 方法或 GET 方法传递的参数、Cookie 和用户认证等。Request 的语法结构如下：

Request[.集合][变量]
Request[.属性]
Request[.方法]()

Request 对象包含 3 类成员，分别为集合、属性和方法，其中集合包含了客户端的数据内容。

（1）Request 对象的属性。Request 对象唯一的属性为 TotalBytes。TotalBytes 属性是一个只读的属性，表示客户端所接收数据的字节的长度。其语法结构如下：

int 字节长度=Request.TotalBytes

（2）Request 对象的方法。Request 对象具有唯一的方法 BinaryRead。BinaryRead 方法以二进制方式来读取客户端使用 POST 传送方法所传递的数据。其语法结构如下：

Byte[] 数组=Request.BinaryRead(Count)

（3）Request 对象的集合。Request 对象提供了 5 个集合，可以用来访问客户端对 Web 服务器请求的各类信息，这些集合如表 7.2 所示。

表 7.2 Request 对象集合

集 合 名 称	说 明
ClientCertificate	当客户端访问一个页面或其他资源时，用来向服务器表明身份的客户证书的所有字段或条目的数值集合，每个成员均为只读
Cookies	根据用户的请求，用户系统发出的所有 Cookie 的值的集合，这些 Cookie 仅对相应的域有效，每个成员均为只读
Form	METHOD 的属性值为 POST 时，所有作为请求提交的<FORM>段中的 HTML 控件单元的值的集合，每个成员均为只读
QueryString	依附于用户请求的 URL 后面的名称/数值对或者作为请求提交的且 METHOD 属性为 GET（或者省略其属性）的，或<FORM>中所有 HTML 控件单元的值，每个成员均为只读
ServerVariables	随同客户端请求发出的 HTTP 报头值，以及 Web 服务器的几种环境变量的值的集合，每个成员均为只读

2. 获取数据

用户填写页面中的表单<form>内容时所提供的全部值，或在浏览器地址栏 URL 后面输入的值，都是可通过 Request 对象的 Form 和 Querystring 集合获取客户端请求的信息。通过集合获取数据，也是 ASP.NET 代码获取客户端数据最简单的方法。

（1）使用 Request.Form 集合。POST 方法在 HTTP 请求体内发送数据，几乎不限制发送到 Web 服务器的数据长度。检索使用 POST 方法发送的数据通常采用 Request 对象的 Form 集合来读取数据。

【例 7.2】使用 Form 集合获取表单数据。使用 POST 方法提交表单的显示页面如图 7.2 所示，使用 Form 集合获取表单数据的显示页面如图 7.3 所示。

图 7.2　使用 POST 方法提交表单

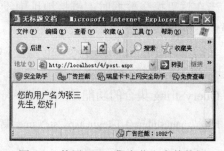

图 7.3　使用 Form 集合获取表单数据

Post.htm：

```
<html>
<head><title>无标题文档</title></head>
<body>
<form name="form1" method="post" action="post.aspx">
  <p>用户名：
    <input type="text" name="name">
  </p>
  <p> 性  别：
    <input type="radio" name="title" value="先生">
    先生
    <input type="radio" name="title" value="女士">
  女士</p>
  <p>
    <input type="submit" name="Submit" value="确认提交">
    <input type="reset" name="reset" value="重新输入">
  </p>
</form>
</body>
</html>
```

Post.aspx：

```
<%@ Page Language="C#" AutoEventWireup="true" CodeBehind="Post.aspx.cs" Inherits="WebApplication1.Post" %>
<html>
<head><title>无标题文档</title></head>
<body>
<%
string strname,strtitle;
strname=Request.Form("name");
strtitle=Request.Form("title");
Response.Write("您的用户名为"+strname+"<br>");
Response.Write(strtitle+",您好！ ");
%>
</body>
</html>
```

当在这里提交数据时，链接地址中没有附带任何数据。POST 方法提交的数据以单独的模块发送到服务器。

（2）使用 Request.QueryString 集合。QueryString 集合获取的数据是在浏览器地址栏的 URL 后添加的参数，或者是当表单<form>的 method 属性为 GET 时传递的数据。

QueryString 集合的功能是从查询字符中读取用户提交的数据。例如：

http://zhangshihua/4-1-login.aspx?strName=赵刚&strTitle=Mr

Request.QueryString 可得到 strName 和 Title 两个变量的值。

注意

查询字符串以问号开始，包含几对字段名和分配的值，不同的字段名和值对用"&"符号连接。

【例 7.3】使用 QueryString 集合获取表单数据。使用 GET 方法提交表单的显示页面如图 7.4 所示，使用 QueryString 集合获取表单数据的显示页面如图 7.5 所示。

图 7.4　使用 GET 方法提交表单

图 7.5　使用 QueryString 集合获取表单数据

Get.htm:

```html
<html>
<head><title>无标题文档</title></head>
<body>
<form name="form1" method="post" action="post.aspx">
  <p>用户名：
    <input type="text" name="name">
  </p>
  <p> 性  别：
    <input type="radio" name="title" value="先生">
    先生
    <input type="radio" name="title" value="女士">
  女士</p>
  <p>
    <input type="submit" name="Submit" value="确认提交">
    <input type="reset" name="reset" value="重新输入">
  </p>
```

```
</form>
</body>
</html>
```

Get.aspx：

```
<%@ Page Language="C#" AutoEventWireup="true" CodeBehind="Get.aspx.cs" Inherits="WebApplication1.
Get " %>
<html>
<head><title>无标题文档</title></head>
<body>
<%
string strname,strtitle;
strname=Request.QueryString("name");
strtitle=Request.QueryString("title");
Response.Write("您的用户名为"+strname+"<br>");
Response.Write(strtitle+",您好！");
%>
</body>
</html>
```

运行上面的代码，当用户单击"提交"按钮时，用户在表单控件中填写的数据都被自动添加到所请求页面的 URL 后面。

如果表单的 method 为 POST，则 QueryString 集合无法获取数据，必须使用 Form 集合。与此相同，当 method 属性为 GET 时，则必须通过 QueryString 集合获取数据。

其实，还有一种更简单的获取数据的方法，不管表单的 method 是 POST 还是 GET，都可以使用 Request["参数名"]来获取。

7.2.3　Response 对象

Response 对象的功能与 Request 对象的功能相反，该对象用来访问服务器端所创建的被发送到客户端的响应信息。它也提供了一系列的方法用来创建输出。

1. Response 对象的成员

（1）Response 对象的属性如表 7.3 所示。

表 7.3　Response 对象的属性

属　性　名	描　　　述
Buffer	表明页输出是否被缓冲
Charset	将字符集的名称添加到内容类型标题中
ContentType	指定响应的 HTTP 内容类型
Expires	在浏览器中缓存的页面超时前，指定缓存的时间
ExpiresAbsolute	指定浏览器上缓存页面超时的日期和时间

（2）Response 对象的方法如表 7.4 所示。

表 7.4 Response 对象的方法

方 法 名	描 述
Clear	清除任何缓冲的 HTML 输出
End	使 Web 服务器停止处理脚本并返回当前结果
Flush	立即发送缓冲的输出
Redirect	使浏览器立即重定向到程序指定的 URL
Write	将指定的字符串写到当前的 HTTP 输出

（3）Response 对象的集合。Response 对象只有一个集合 Cookies，Cookies 集合设置 Cookie 的值。若指定的 Cookie 不存在，则创建它；若存在，则设置新的值并且将旧值删去。

2. 输出

在 Response 对象的成员中，使用最多的成员莫过于 Write 方法。该方法可直接将各种数据输出到客户端。

在 ASP.NET 页面上输出内容主要用 Write 方法。Response 对象的 Write 方法是一种很简单的在页面上产生 HTML 输出的方法。

Write 方法输出的内容必须包括在一对双引号之内，这对双引号标志着输出的开始和结束。如果遗漏了一个双引号会产生错误，双引号必须成对使用。使用 Write 方法还可以输出变量。

【例 7.4】利用 Write 方法输出内容。

```
<%
string UserName;
UserName="张三";
Response.Write(UserName);
Response.Write("您好,欢迎登录本网站! 现在的时间是:");
Response.Write(DateTime.Now.ToString());
%>
```

运行 write.aspx 代码，结果如图 7.6 所示。

图 7.6 使用 write.aspx 方法输出内容

在上面的代码中可以看出，输出变量的值不需要用双引号括起来。输出的内容如果来自两部分，可使用+（字符串连接运算符）连接，该字符可以连接字符串和字符串、字符串和变量、变量和变量。上面的效果也可以用以下代码实现：

```
<%
stringUserName;
```

```
UserName="张三";
Response.Write(username+"您好，欢迎登录本网站！现在的时间是： " + DateTime.Now.ToString());
%>
```

在编写 ASP.NET 程序时，ASPX 脚本语句和 HTML 语句可以相互嵌套。通常也可以把 HTML 标记用 Response.Write 方法输出。

【例 7.5】HTML 语言中嵌套 ASPX 脚本语句。

```
<html>
<head>
<title>
Write 方法输出变量
</title>
</head>
<body>
<%
    int a,b;
a=66;
b=88;
    Response.Write("变量 1： " + a);
    Response.Write("变量 2： " + b);
%>
</body>
</html>
```

运行 var.aspx 代码，结果如图 7.7 所示。

ASPX 脚本语句中也可以嵌套 HTML 语句。这种方法每次都要把 HTML 标记写在 Response.Write 语句的双引号内，而且当遇到 HTML 标记语句中有双引号时（如<table border="1"cellspacing="0">），必须把 HTML 标记中的双引号写成\"或者以单引号代替，如下所示：

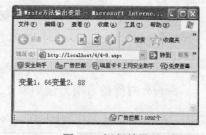

图 7.7　运行结果

```
Response.Write("<table    border=\"1\"    cellspacing=\"0\">");
```

改成单引号表示：

```
Response.Write("<table    border='1'    cellspacing='0'>");
```

这种写法有点麻烦，但采用这种写法时，服务器执行 ASP.NET 代码效率较高。一般执行效率高的 ASP.NET 程序大都采用该方法。

3．重定向

Response 对象除了能在客户端输出消息外，还能够将客户端浏览器重定向到另外的 URL 上，即跳转到指定的网页上，实现该功能只需使用 Response 对象的 Redirect 方法。

【例 7.6】Response 的重定向方法。

```
protected void Button1_Click(object sender, EventArgs e){
Response.Redirect("http://www.baidu.com");
}
```

7.2.4　Server 对象

Server 对象对应 ASP.NET 中的 HttpServerUtility 类，它允许访问 Web 服务器本身，提供了访问服务器对象的属性和方法，这些特定的任务主要是与服务器环境和处理活动有关的任务。服务器提供的一系列对象模型，一般都需要通过 Server 对象创建具体对象模型的实例。它包含一个属性和 7 种方法，通过它们可以实现格式化数据、管理其他网页的执行、创建外部对象和组件等特定任务。

1. Server 对象的属性

（1）ScriptTimeout 属性用于设置或返回页面的脚本在服务器退出执行和报告错误之前可以执行的时间。达到该值后将自动停止页面的执行，并从内存中删除包含可能进入死循环的错误的页面或者是长时间等待其他资源的页面。这会防止服务器因存在错误的页面而过载，对于运行时间较长的页面需增大这个值。该属性值为整型数据。

当开发出的脚本生成一个很大的主页时，主页可能还没有显示完就超时了，这时可以利用 Server 对象的 ScirptTimeout 属性定制合理的限制时间，例如：

Server. ScriptTimeout=120;

这样在脚本运行 120s 后，将被服务器结束。

（2）MachineName 属性用来获取服务器的计算机名称。

2. Server 对象的方法

Server 对象的常用方法如表 7.5 所示。

表 7.5　Server 对象的常用方法

方　　法	描　　述
CreateObject	创建 COM 对象的一个服务器实例
Execute	使用另一页面来执行当前请求
GetLastError	返回可描述的已发生的最后一次错误状态
HTMLEncode	将 HTML 编码应用到某个指定的字符串
MapPath	将一个指定的地址映射到一个物理地址
Transfer	终止当前页的执行，并开始执行当前请求页
URLEncode	把 URL 编码规则应用到指定的字符串

（1）CreateObject 方法。对于非 ASP.NET 内建对象，如服务器端使用的 AcitveX 控件，在使用前必须使用 Server 对象的 CreateObject 方法建立对象。例如，用下面的语句建立一个 FileSystemObject 对象，名称为 fso。

<%object　fso=Server.CreateObject("scripting.filesystemobject")%>

（2）MapPath 方法。Server.MapPath 方法将一个服务器的虚拟路径转化为实际路径。这个方法经常用在对一个文件进行操作之前，用它来取得文件的实际路径。

7.2.5　Application 对象

Web 服务器如何处理浏览器的要求：基本上当 Web 服务器收到浏览器的要求时，它会找出相关的 HTML 文件或程序然后执行，将结果转换成 HTML 文件，再传送给浏览器并中断连接。由于服务器在处理完浏览器的要求之后便会中断连接，故服务器并没有记录浏览器的任何信息，若要记录浏览器的信息必须使用一些特殊的技巧。

1. Application 对象概述

Application 对象可以在多个请求、连接之间共享公用信息，也可以在各个请求连接之间充当信息传递的管道。使用 Applicatioin 对象来保存希望传递的变量。由于在整个应用程序生成周期中 Application 对象都是有效的，所以在不同的页面中都可以对它进行存取，就像使用全局变量一样方便。

 注意

> Application 对象默认的生命周期起始于 Web 服务器开始执行时，终止于 Web 服务器结束执行时，或超过 20 分钟没有任何浏览器读取网页时。

2. Application 对象的用途

记录整个网站的信息，如浏览者人数、在线名单、意见调查或在线选票统计等。由于 ASP.NET 程序中的变量在程序重新执行之前会恢复为 Empty，无法记录上次执行完毕时的值，因此，倘若想统计浏览者人数，必须使用 Application 对象来记录计数器变量在上次执行完毕时的值才能进行累计。

3. Application 对象成员

Application 对象成员的属性如表 7.6 所示。

表 7.6　Application 对象成员

	对 象 成 员	说　　明
集合	Contents	包含所有非对象变量，这是 Application 对象默认的集合
	StaticObjects	包含所有对象变量，在 Global.asax 文件中使用<Object>标记建立
方法	Contents.Remove(Item)	删除 Contents 集合中 Item 所指定的变量
	Contents.RemoveAll	删除 Contents 集合中的所有变量
	Lock	锁定 Application 对象存取
	Unlock	释放被锁定的 Application 对象
事件	Application _OnStart	在建立 Application 对象时会产生这个事件，代码必须放在 Global.asax 文件中
	Application _OnEnd	在结束 Application 对象时会产生这个事件，代码必须放在 Global.asax 文件中

4. 创建和使用 Application 变量

Application["变量名"]="变量值";

例如:

<% Application["Welcome"]="本网站属于商业网站" %>

说明

（1）每个 Application 变量都是 Contents 集合中的一个成员，创建一个新 Application 变量就是在 Contents 集合中添加一个新的成员。

（2）Contents.Remove 方法可以从 Contents 集合中删除一个成员。

（3）Contents 集合中包含了所有的 Application 变量。

【例 7.7】利用 Application 对象编写计数器。

ji1.aspx:

```
<%
    int scounter,counter;
    scounter= Convert.ToInt32(Application["counter"])+1 ;
%>
<html>
    <body>
        您是第<% =scounter %>位访客
        <% Application["counter"]=scounter %>
    </body>
</html>
```

ji2.aspx:

```
<%
    int counter;
    Application["counter"]= Convert.ToInt32(Application["counter"])+1 ;
%>
<html>
    <body>
        您是第<% =Application["counter"] %>位访客
    </body>
</html>
```

事实上，以上计数器程序是有缺陷的，试想若刚好有两位用户同时存取该网页，同时执行"Application["counter"]=Convert.ToInt32(Application["counter"])+1;"语句，那么浏览者人数就少算 1 人。欲解决此问题必须在累计之前先锁定 Application 对象，让其他人无法使用此对象，待累计完毕之后再解除锁定才不会少算。

5. Application 对象的方法

Lock 方法用于锁定 Application 对象，保证同一时刻只有一个用户可以操作其中的数据，避免多个用户同时修改同一数据而产生冲突。UnLock 方法可以解除 Lock 方法对数据的锁定，以便其他用户能访问和修改 Application 对象的属性。

Lock 和 UnLock 这两种方法总是成对出现，这样可以确保 Application 对象中数据对所有用户的完整性和一致性。

使用上述两种方法编写例 7.7 中的计数器。

ji3.aspx：

```
<%
    Application.Lock( );
    Application["counter1"]=Convert.ToInt32(Application["counter1"])+1;
    Application.UnLock( );
%>
<html>
    <body>
            您是第<%=Application["counter1"] %>位访客
    </body>
</html>
```

除了前述问题，还有另一个问题是 Application 对象的生命周期，在默认情况下，若 Web 服务器关机或超过 20 分钟没有任何浏览器读取该网页，Application 对象就会自动消失。换句话说，计数器所累计的数据也会消失而恢复为 Empty，如欲彻底解决这个问题必须将计数器的值写入文件或者数据库。

6. Application 对象的事件

Application 对象包含 Application_OnStart 和 Application_OnEnd 两个事件。

☑ Application_OnStart：在建立 Application 对象时会产生这个事件，一般初始化操作的相关程序代码可以在这个事件里做处理。

☑ Application_OnEnd：在结束 Application 对象时会产生这个事件，处理 ASP.NET 网站结束时所需的程序代码可以放在这个事件里做处理。

（1）Application_OnStart 事件在首次创建新的会话（即 Session_OnStart 事件）之前发生。当 Web 服务器启动并允许对应用程序所包含的文件进行请求时就触发 Application_OnStart 事件。Application_OnStart 事件的处理过程必须写在 Global.asax 文件之中。其语法结构如下：

```
void Application_Start(object sender, EventArgs e)
{
    //在应用程序启动时运行的代码
}
```

（2）Application_OnEnd 事件在应用程序退出时于 Session_OnEnd 事件之后发生，Application_OnEnd 事件的处理过程也必须写在 Global.asax 文件之中。其语法结构如下：

```
void Application_End(object sender, EventArgs e)
{
    //在应用程序关闭时运行的代码
}
```

下面来看在使用 Application 对象时必须注意的一些事项。

（1）不能在 Application 对象中存储 ASP.NET 内建对象。例如，下面的每一行都返回一个错误。

```
< %
    Application["var1"]=Session;
    Application["var2"]=Request;
    Application["var3"]=Response;
    Application["var4"]=Server;
    Application["var5"]=Application;
%>
```

（2）若将一个数组存储在 Application 对象中，请不要直接更改存储在数组中的元素。例如，下列的脚本无法运行。

```
<% Application["StoredArray"][3] = "new value" %>
```

这是因为 Application 对象是作为集合被实现的。数组元素 StoredArray[3]未获得新的赋值。而此值将包含在 Application 对象集合中，并将覆盖此位置以前存储的任何信息。建议在将数组存储在 Application 对象中时，在检索或改变数组中的对象前获取数组的一个副本。在对数组操作时应再将数组全部存储在 Application 对象中，这样所做的任何改动都将被存储下来。

7.2.6　Session 对象

与 Application 对象具有相近作用的另一个非常实用的 ASP.NET 内建对象就是 Session。Session 对象为当前用户会话提供信息，它还提供对可用于存储信息会话范围缓存的访问以及控制管理会话的方法。

ASP.NET 提供会话状态管理，它可以根据多种请求存储与唯一浏览器会话相关联的信息，可以存储由键名或数字索引引用值的集合，还可以使用 HttpSessionState 类访问会话值和功能，该类可通过当前 HttpContext 的 Session 属性或 Page 的 Session 属性进行访问。

Session 对象的发明填补了 HTTP 协议局限。HTTP 协议工作过程是用户发出请求，服务器端作出响应。这种用户端和服务器端之间的联系都是离散的、非连续的。在 HTTP 协议中没有什么能够允许服务器端跟踪用户请求。在服务器端完成响应用户的请求后，服务器端不能持续与该浏览器保持连接。以网站的观点看，每一个新的请求都是单独存在的，因此当用户在多主页间转换时，服务器根本无法知道他的身份。

当用户在应用程序的页之间跳转时，存储在 Session 对象中的变量不会清除，而用户在应用程序中访问页面时，这些变量始终存在。当用户请求来自应用程序的 Web 页时，如果该用户还没有会话，则 Web 服务器将自动创建一个 Session 对象。当会话过期或被放弃后，服务器将终止该会话。通过向客户程序发送唯一的 Cookie 可以管理服务器上的 Session 对象。当用户第一次请求 ASP.NET 应用程序中的某个页面时，ASP.NET 要检查 HTTP 头信息，查看在报文中是否有名为 ASPSESSIONID 的 Cookie 发送过来。如果有，则服务器会启动新的会话，并为该会话生成一个全局唯一的值，再把这个值作为新 ASP.NET Sessionid Cookie 的值发送给客户端，正是使用这种 Cookie，可以访问存储在服务器上的属于客户程序的信息。Session 对象最常见的作用就是存储用户的首选项。例如，如果用户指明不喜欢查看图形，就可以将该信息存储在 Session 对象中。另外其还经常被用在鉴别客户身份的程序中。

在默认条件下，会话值存储在 Web 服务器内存中，也可以把会话值存储在 SQL Server 数据库、ASP.NET 状态服务器或自定义服务器中。一旦 ASP.NET、IIS 进程或者 ASP.NET 应用程序重新启动，这种举措可以保持会话值，并且它还可以使会话值在网络的所有服务器间可用。配置这种行为要在应用程序配置的 SessionState 元素中把 Mode 属性设置为有效的 SessionStateMode 值。

1. Session 对象的作用

记录浏览器端的变量，但和 Application 对象不同的是：Application 对象记录的是所有浏览器端共享的变量，而 Session 对象记录的则是个别浏览器端专用的变量。

可以使用 Session 对象存储特定用户会话所需的信息。这样，当用户在应用程序的 Web 页之间跳转时，存储在 Session 对象中的变量将不会丢失，而是在整个用户会话中一直存在下去。

当用户请求来自应用程序的 Web 页时，如果该用户还没有会话，则 Web 服务器将自动创建一个 Session 对象。当会话过期或被放弃后，服务器将终止该会话。

Session 对象最常见的一个用法就是存储用户的首选项。例如，如果用户指明不喜欢查看图形，就可以将该信息存储在 Session 对象中。

2. Application 对象和 Session 对象对比

Application 对象：

```
protected void Page_Load(object sender, EventArgs e)
{
    Application["Counter1"] = Convert.ToInt32(Application["Counter1"])+ 1;
    Response.Write("这是您第" + Application["Counter1"] + "次拜访本网站");
}
```

Session 对象：

```
protected void Page_Load(object sender, EventArgs e)
{
    Session["Counter1"] = Convert.ToInt32(Session["Counter1"])+ 1;
    Response.Write("这是您第" + Session["Counter1"] + "次拜访本网站");
}
```

3. Session 对象的属性

☑　SessionID：用户第一次请求应用程序中的 ASP.NET 文件时，ASP.NET 将生成一个 SessionID，它是通过复杂算法产生的长整型数据。

☑　Timeout：定义了应用程序的 Session 对象的时限。如果用户在 Timeout 规定的时间内没有请求或刷新应用程序中的任何页，Session 对象就会自动终止。Timeout 属性以分钟为单位指定超时间隔，例如：

```
<%   Session.TimeOut = 10 %>
```

4. Session 对象的方法

Abandon 方法删除所有存储在 Session 对象中的对象并释放这些对象的源。如果用户未明确地调用 Abandon 方法，一旦会话超时，服务器将删除这些对象。其语法结构如下：

```
Session.Abandon()
```

Abandon 方法被调用时，将按序删除当前的 Session 对象，不过在当前页中所有脚本命令都处理完后，对象才会被真正删除。这就是说，在调用 Abandon 方法时可以在当前页上访问存储在 Session 对象中的变量，但在随后的 Web 页上不行。

例如，在下列脚本中，第 3 行输出为 Mary 值。这是因为在服务器处理完脚本前没有删除 Session 对象。

```
<%
Session.Abandon();
Session["MyName"] = "Mary";
Reponse.Write(Session["MyName"]);
%>
```

如果在随后 Web 页上访问 MyName 变量，将发现它是空的。这是因为当包含上一个例子的页面结束处理时，MyName 同前面的 Session 对象一起被删除了。

放弃会话并打开后面的 Web 页时，服务器会创建新的 Session 对象，可以在新的 Session 对象中存储变量和对象。

当服务器处理完当前页时，下面示例将释放会话状态。

```
<% Session.Abandon(); %>
```

5. Session 对象的事件

Session 对象有两个事件可用于在 Session 对象启动和释放的运行过程。

（1）Session_OnStart 事件在服务器创建新会话时发生。服务器在执行请求的页之前先处理该脚本。使用 Session_OnStart 事件是设置会话期变量的最佳方式。

尽管在 Session_OnStart 事件包含 Redirect 或 End 方法调用的情况下，Session 对象仍会保持，然而服务器将停止处理 Global.asax 文件并触发 Session_OnStart 事件的文件中的脚本。

为了确保用户在打开某个特定的 Web 页时始终启动一个会话，就可以在 Session_OnStart 事件中调用 Redirect 方法。当用户进入应用程序时，服务器将为用户创建一个会话并处理 Session_OnStart 事件脚本。可以将脚本包含在该事件中以便检查用户打开的页是不是启动页，如果不是，就指示用户调用 Response.Redirect 方法启动网页。程序如下：

```
void Session_Start(object sender, EventArgs e)
{
    string startPage = "/MyApp/StartHere.aspx";
```

```
string currentPage=
HttpContext.Current.Request.CurrentExecutionFilePath;
if(startPage!=currentPage)
{
        Response.Redirect(startPage);
}
}
```

每当用户请求 Web 页时，服务器都会创建一个新会话。这样，对于每个请求，服务器都将处理 Session_OnStart 脚本并将用户重定向到启动页中。

（2）Session_OnEnd 事件在会话被放弃或超时时发生。关于使用 Session 对象需要注意的事项与 Application 对象相近，这里不再详述。

会话可以通过以下 3 种方式启动：

① 一个新用户请求访问一个 URL，该 URL 标识了某个应用程序中的.aspx 文件，并且该应用程序的 Global.asax 文件包含 Session_OnStart 过程。

② 用户在 Session 对象中存储了一个值。

③ 用户请求了一个应用程序的.aspx 文件，并且该应用程序的 Global.asax 文件使用<OBJECT>标签创建带有会话作用域的对象的实例。

如果用户在指定时间内没有请求或刷新应用程序中的任何页，会话将自动结束。这段时间的默认值是 20 分钟。可以通过在 Internet 服务管理器中设置"应用程序选项"属性页中的"会话超时"属性来改变应用程序的默认超时限制设置。应依据自己的 Web 应用程序的要求和服务器的内存空间来设置此值。例如，如果希望浏览自己的 Web 应用程序的用户在每一页仅停留几分钟，就应该缩短会话的默认超时值。过长的会话超时值将导致打开的会话过多而耗尽自己的服务器的内存资源。对于一个特定的会话，如果想设置一个小于默认超时值的超时值，可以设置 Session 对象的 Timeout 属性。例如，下面这段脚本将超时值设置为 5 分钟。

```
< % Session.Timeout = 5; %>
```

当然也可以设置一个大于默认设置的超时值，Session.Timeout 属性决定超时值。还可以通过 Session 对象的 Abandon 方法显式结束一个会话。例如，在表格中提供一个"退出"按钮，将按钮的 ACTION 参数设置为包含下列命令的.aspx 文件的 URL。

```
< % Session.Abandon(); %>
```

可以在 Session 对象中存储值。存储在 Session 对象中的信息在会话及会话作用域内有效。下面脚本将演示两种类型的变量的存储方式。

```
<%
Session["username"] = "Janine";
Session["age"] = 24;
%>
```

创建有会话作用域的对象的另一种方法是在 global.asax 文件中使用<OBJECT>标签。

但是不能在 Session 对象中存储内建对象。例如，下面每一行都将返回错误。

```
<%
    Session["var1"] = Session;
    Session["var2"] = Request;
    Session["var3"] = Response;
    Session["var4"] = Server;
    Session["var5"] = Application;
%>
```

在将对象存储到 Session 对象之前，必须了解它使用的是哪一种线程模型。只有那些标记为 Both 的对象才能存储在没有锁定单线程会话的 Session 对象中。

若将一个数组存储在 Session 对象中，请不要直接更改存储在数组中的元素。例如，下面的脚本无法运行。

```
<% Session["StoredArray"][3] = "new value" %>
```

这是因为 Session 对象是作为集合被实现的。数组元素 StoredArray[3]未获得新的赋值。而此值将包含在 Application 对象集合中，并将覆盖此位置以前存储的任何信息。

当与忙的站点一起使用时，Session 有几个缺点。"忙"的意思一般是指一秒钟要求几百页面或成千上万用户同时访问站点。这个技巧对于必须水平扩展的站点，即那些利用多台服务器以处理负载或实现容错的站点，甚至更重要。对于较小的站点，如 Intranet 站点，要想实现 Session 带来的方法，必然增大系统开销。

简言之，ASP.NET 自动为每个访问 Web 服务器的用户创建一个 Session。每个 Session 大约需要 10KB 的内存开销（最主要的是数据存储在 Session 中），这就使所有的请求都减慢。在配置的超时时段（通常是 20 分钟）结束以前 Session 一直保留有效。

Session 的最大问题不是性能而是可扩展性。Session 不能跨越几台 Web 服务器，一旦在一台服务器上创建 Session，其数据就留在那儿。这就意味着如果在一个 Web 服务器群中使用 Session 就必须设计一个策略，将每个用户请求始终发到用户 Session 所在的那台服务器上。这被称为将用户"粘"在 Web 服务器上。术语"粘性会话"就是从这里派生而来的。如果 Web 服务器崩溃，被"粘住的"用户将丢失他们的会话状态，因为会话不是粘到磁盘上。

实现"粘性会话"的策略包括硬件和软件解决方案。如 Windows 2000 Advanced Server 中的网络负载平衡和 Cisco 的 Local Director 之类的解决方案都可以实现"粘性会话"，代价是要损失一定程度的可扩展性。这些解决方案是不完善的。不建议此时部署自己的软件解决方案（过去常常使用 ISAPI 筛选器和 URL 转换等）。

Application 对象也不跨越多台服务器，如果必须跨越 Web 服务器群共享和更新 Application 数据，那么必须使用后端数据库。但是只读 Application 数据在 Web 服务器群中仍是有用的。

如果只是要增加运行时间（处理故障转移和服务器维护），大多数关键任务站点至少需部署两台 Web 服务器。因此，在设计关键任务应用程序时，必须实现"粘性会话"，或干脆避免使用 Session，以及任何其他将用户状态存储在单个 Web 服务器上的状态管理技术。

如果不使用 Session，一定要将它们关闭。可以通过 Internet Services Manager 为应用程序执行此操作（参见 ISM 文档）。如果决定使用 Session，可以采用一些方法减轻它们对性能的影响。

　　可以将不需要 Session 的内容（如帮助屏幕，访问者区域等）移到另一个关闭了 Session 的 ASP.NET 应用程序中。可以逐页提示 ASP.NET，自己不再需要该页面上的 Session 对象，使用以下放在 ASP.NET 页面最上面的指令：<% @EnableSessionState="False" %>。

　　使用这一指令的一个很好的理由是，这些 Session 在框架集方面存在一个有意思的问题。ASP.NET 保证任何时候 Session 只有一个请求执行。这样就确保如果浏览器为一个用户请求多个页面，一次只有一个 ASP.NET 请求接触 Session，就避免了访问 Session 对象时发生的多线程问题。很遗憾一个框架集中的所有页面将以串行方式显示，一个接一个而不是同时显示。用户可能必须等候很长时间才能看到所有的框架。该问题告诉大家：如果某些框架集页面不依靠 Session，一定要使用@EnableSessionState=False 指令告诉 ASP.NET。

　　有许多管理 Session 状态的方法可替代 Session 对象的使用。对于少量的状态（少于 4KB）通常建议使用 Cookies、QueryString 变量和隐式变量。对于更大数据量，如购物小车，后端数据库是最适合的选择。有关 Web 服务器群中状态管理技术的文章很多，详细信息请参见 Session 状态参考资料。

7.2.7　Cookie 对象

1. Cookie 对象概述

　　Cookie 对象跟 Session 对象、Application 对象类似，也是用来保存相关信息的，但 Cookie 对象和其他对象的最大不同是 Cookie 对象将信息保存在客户端，而 Session 对象和 Application 对象是保存在服务器端。也就是说，用户无论何时连接到服务器，Web 站点都可以访问 Cookie 信息。这样既方便用户的使用又方便网站对用户的管理。

　　ASP.NET 中包含两个内部 Cookie 集合。通过 HttpRequest 的 Cookies 集合访问的集合包含通过 Cookie 标头从客户端传送到服务器的 Cookie 对象。通过 HttpResponse 的 Cookies 集合访问的集合包含一些新的 Cookie 对象，这些 Cookie 对象在服务器上创建并以 Set-Cookie 标头的形式传输到客户端。

　　Cookie 存放的位置和信息格式：在 Windows 2000 中系统目录\Documents and Settings\用户名\Cookie。

　　Cookie 的命名规则：用户名@网站名.txt。如 administrator@www.sohu[1].txt。

　　一般地，Cookie 中存放有客户的身份识别号码、密码、访问的站点等。

　　虽然 Cookie 对象在应用程序中非常有用，但应用程序不应依赖于能够存储 Cookie 对象。不要使用 Cookie 对象支持关键功能。如果应用程序必须依赖于 Cookie 对象，则可以通过测试确定浏览器是否接受 Cookie 对象。因为使用 Cookie 对象有它特有的优点，也有缺点。

　　（1）使用 Cookie 对象的优点有以下几点。

☑　可配置到期规则：Cookie 对象可以在浏览器会话结束时到期或者可以在客户端计算机上无限期存在，这取决于客户端的到期规则。

☑　不需要任何服务资源：Cookie 对象存储在客户端并在发送后由服务器读取。

☑ 简单性：Cookie 对象是一种基于文本的轻量级结构，又包含简单的键值对。

☑ 数据持久性：虽然客户端计算机上 Cookie 对象的持续时间取决于客户端上的 Cookie 对象过期处理和用户干预，但 Cookie 对象通常是客户端上持续时间最长的数据保留形式。

（2）使用 Cookie 对象的缺点有以下几点。

☑ 大小受限：大多数浏览器对 Cookie 对象的大小有 4096B 的限制。虽然现在新的浏览器或客户端设备版本中支持 8192B 的 Cookie 对象大小已越发常见，但 Cookie 仍存在大小限制的缺点。

☑ 用户配置为禁用：有些用户禁用了浏览器或客户端设备接收 Cookie 对象的能力，因此限制了这一功能。

☑ 潜在的安全风险：Cookie 对象可能会被篡改。用户可能会操纵其计算机上的 Cookie 对象，这意味着会对安全性造成潜在的风险或者导致依赖于 Cookie 对象的应用程序执行失败。

Cookie 是一种有效的让用户特定信息保持可用的方法。但是，由于 Cookie 对象会被发送到浏览器所在的计算机，因此它容易被假冒或用于其他恶意用途。根据 Cookie 对象的优缺点，给出以下几点使用 Cookie 对象时的注意事项。

☑ 不要将任何关键信息存储在 Cookie 对象中。

☑ 将 Cookie 对象的过期日期设置为可接受的最短实际时间，尽可能避免使用永久 Cookie 对象。

☑ 考虑对 Cookie 对象中的信息加密。

☑ 考虑对 Cookie 对象的 Secure 属性值和 HttpOnly 属性设置为 true。

2. Cookie 的属性

Cookie 的属性如表 7.7 所示。

表 7.7　Cookie 的属性

属　　性	说　　明
Expires	只写。指定 Cookie 的过期日期。要在会话结束后将 Cookie 存在用户的硬盘上，必须设置该属性。过了该属性设置的日期后，Cookie 就不能使用了。通过给 Cookie 赋一个过期的日期，就可以删除 Cookie。Expires 属性如果不进行赋值，那么默认的就是用户一离开网站就过期
Domain	只写。若指定，则 Cookie 只被发送到指定域的请求中去
Path	只写。若指定，则 Cookie 只被发送到指定路径的请求中去。若未设置该属性，则使用应用程序的路径
HasKeys	只读。确定 Cookie 是否是一个具有多个键值的 Cookie 字典，若是，则返回 true
Secure	只写。确定 Cookie 是否是安全的，Secure 属性设为 true，则 Cookie 传递中就实行了加密算法

3. 创建 Cookie

利用 Response 对象的 Cookies 集合创建 Cookie。创建 Cookie 有两种方式：

（1）创建单值的 Cookie。Response 对象的 Cookies 集合用来设置 Cookie，例如：

```
<%
  Response.Cookies["username"]="zhanghua";
  Response.Cookies["visittime"] = DateTime.Now();
%>
```

如果该 Cookie 名称不存在，则浏览器会自动新建一个名称并执行赋值操作，如果该 Cookie 已存在，浏览器会重新给 Cookie 赋值以覆盖原值。

（2）创建多键值的 Cookie。一个 Cookie 可以有多个键值，这样的 Cookie 称为 Cookie 字典，一个 Cookie 字典中可以含有多个键值对，例如：

```
<%
    Response.cookies["user"]["Name"] = "zhanghua";
    Response.cookies["user"]["sex"] = "male";
    Response.cookies["user"]["Password"] = "21292390";
    Response.cookies["user"].Expires = "July 22,2011";
%>
```

4. 读取 Cookie 值

读取 Cookie 的值（或 Cookie 字典中的键值），要用 Request 对象的 Cookies 集合。其语法格式如下：

```
Request.Cookies[Key].attribute;
```

 注意

可用 HasKeys 判断 Cookie 是否带有关键字（Key）。若 Cookie 带有 Key 则返回 true；否则，返回 false。

（1）读取单值的 Cookie。

```
<% =Request.Cookies["type"] %>
<% Response.Write(Request.Cookies["type"];   %>
```

（2）读取 Cookie 字典。

```
<%
    Response.Write(Request.Cookies["user"]["name"]);
    Response.Write(Request.Cookies["user"]["sex"]);
    Response.Write(Request.Cookies["user"]["password"]);
    Response.Write("您上次访问的时间是:" + Request.Cookies["visittime"]);
%>
```

5. Cookie 的应用

自动登录，如图 7.8 和图 7.9 所示。

图 7.8　自动登录（1）　　　　　　　　　图 7.9　自动登录（2）

login2.aspx：

```
<%@ Page Language="C#" AutoEventWireup="true"
    CodeBehind="login2.aspx.cs" Inherits="WebApplication1.login2" %>
<html>
    <head runat="server">
    <title>无标题文档</title>
    </head>
<%
    name=Request.Cookies("xingming")
    pass=Request.Cookies("password")
%>
<body>
<div align="center">
    <p class="style1">欢迎访问，请输入您的用户名和密码
    </p>
    <form action="cookiewrite.aspx" method="post" name="form1" class="style2">
    <p>用户名：
    <input name="username" type="text" class="style2" id="username" size="15" value=<%=name %>>
    </p>
    <p>密  码：
    <input name="userpass" type="password" class="style2" id="userpass" size="15" value=<%=pass %>>
    </p>
    <p>
        <input type="submit" name="Submit" value="确定">
         
        <input type="reset" name="Submit2" value="取消">
    </p>
    </form>
    <p class="style1"> </p>
</div>
</body>
</html>
```

cookiewrite.aspx：

```
protected void Page_Load(object sender, EventArgs e)
{
```

```
string str1,str2;
str1=Request.Form["username"];
str2=Request.Form["userpass"];
Response.Cookies["xingming"]=str1;
Response.Cookies["xingming"].Expires=DateTime.Now.AddDays(7);
Response.Cookies["password"]=str2;
Response.Cookies["password"].Expires=DateTime.Now.AddDays(7);
}
```

7.2.8　Global.asax 文件

Global.asax 文件用来存放 Application 对象和 Session 对象事件的程序，当 Application 对象和 Session 对象第一次被调用或结束时，服务器就去读取该文件并进行相应的处理。

Global.asax 文件是一个文本文件，可使用任何文本编辑器进行编辑。

1．Global.asax 的文件结构

```
public class Global : System.Web.HttpApplication
{
    void Application_Start(object sender, EventArgs e)
    {}
    void Application_End(object sender, EventArgs e)
    {}
}
```

2．ASP.NET 对使用 Global.asax 文件的要求

（1）每一个应用程序可能由很多文件或文件夹组成，但只能有一个 Global.asax 文件，而且文件名称必须叫 Global.asax。

（2）Global.asax 文件必须存放在应用程序的根目录中。

（3）在 Global.asax 文件中不能包含任何输出语句，如 Response.Write。因为 Global.asax 文件只是被调用，而不会显示在页面上，所以不能输出任何显示内容。

3．如何捕捉错误异常

通过 Global.asax 文件使用 Application 对象捕捉错误异常。当 Web 应用出现异常时，转到指定页面，记录异常信息到日志文件，最后将异常报告通过 Mail 发送到指定邮箱，目的是随时监控已部署应用程序的运行情况。

代码如下：

```
//发生异常后，首先保存异常到 exceptionlog 目录，然后发邮件通知，最后转到错误页面显示异常
HttpContext ctx = HttpContext.Current;
Exception exception = ctx.Server.GetLastError().GetBaseException();
string errorInfo =
"<br />[请求路径]：　" + ctx.Request.Url.ToString() +
"<br />[请求地址]：　" + ctx.Request.UserHostAddress +
"<br />[请求用户]：　" + Session["gsUserid"] +
"<br />[错误信息]：　";
```

```
    string dir = Request.PhysicalApplicationPath + "\\exceptionlog\\" + DateTime.Today.ToString("yyyy-MM")
+ "\\";
        if (!Directory.Exists(dir))
            Directory.CreateDirectory(dir);
        string filename = dir + DateTime.Today.ToString("yyyyMMdd") + ".log";
        System.IO.FileInfo fi = new System.IO.FileInfo(dir + DateTime.Today.ToString("yyyyMMdd") + ".log");
        FileStream fs = fi.OpenWrite();
        StreamWriter sw = new StreamWriter(fs);
        sw.BaseStream.Seek(0, SeekOrigin.End);
        sw.WriteLine("发生时间： " + System.DateTime.Now.ToString());
        sw.WriteLine("请求路径： " + ctx.Request.Url.ToString());
        sw.WriteLine("请求地址： " + ctx.Request.UserHostAddress);
        sw.WriteLine("请求用户： " + Session["gsUserid"]);
        sw.WriteLine("错误描述： " + exception.Message);
        sw.WriteLine("----------------------------------------");
        sw.Flush();
        sw.Close();
        fs.Close();

        future.config conn = new future.config();
        conn.ErrHandle(errorInfo+exception.ToString());
        Application["error"] = errorInfo+exception.Message;
        ctx.Server.ClearError();
        Response.Redirect("~/ErrorPage.aspx");
```

第 8 章 ASP.NET 数据库应用

8.1 ADO.NET 概述

ADO.NET 是.NET Framework 中用以操作数据库的类库的总称。ADO.NET 是专门为.NET 框架设计的,它是在早期 Visual Basic 和 ASP 中大受好评的 ADO(ActiveX Data Objects,活动数据对象)的升级版本。ADO.NET 模型中包含了能够有效管理数据的组件类。

ADO.NET 是一组向.NET 程序员公开数据访问的类。ADO.NET 为创建分布式数据共享应用程序提供了一组非常丰富的组件。它提供了对关系数据、XML 和应用程序数据的访问,因此是.NET 框架中不可缺少的一部分。ADO.NET 支持多种开发需求,包括创建由应用程序、工具、语言或 Internet 浏览器使用的前端数据库客户端和中间层业务对象。

ADO.NET 是在用于直接满足用户开发可伸缩应用程序需求的 ADO 数据访问模型的基础上发展而来的。它是专门为 Web 设计的,并且考虑了伸缩性、无状态性和 XML 的问题。ADO.NET 相对于 ADO 的最大优势在于对于数据的更新修改可以在与数据源完全断开连接的情况下进行,然后再把数据更新情况传回到数据源。这样大大减少了连接过多对于服务器资源的占用。

为了适应数据 ADO 的交换,ADO.NET 使用了一种基于 XML 的暂留和传输格式,说得更精确些,为了将数据从一层传输到另一层,ADO.NET 的解决方案是以 XML 格式表示内存数据(数据集),然后将 XML 发给另一组件。XML 格式是最为彻底的数据交换模式,可以被多种数据接口所接受,能穿透公司防火墙。因此,ADO.NET 具有跨平台性和良好的交互性。

ADO.NET 对 Microsoft SQL Server 和 XML 等数据源以及通过 OLE DB 和 XML 公开的数据源提供一致的访问。数据共享使用者应用程序可以使用 ADO.NET 来连接到这些数据源,并检索、处理和更新所包含的数据。

ADO.NET 通过数据处理将数据访问分解为多个可以单独使用或前后使用的前后不连续的组件。ADO.NET 包含用于连接到数据库、执行命令和检索结果的.NET 框架数据提供程序。开发者可以直接处理检索到的结果,或将其放入 ADO.NET DataSet 对象,以便与来自多个源的数据或在层之间进行远程处理的数据组合在一起,以特殊方式向用户公开。

8.1.1 ADO.NET 程序架构

以前数据处理主要依赖于基于连接的双层模型。当数据处理越来越多地使用多层结构时,数据库应用开发正在向断开方式转换,以便为应用程序提供更佳的可缩放性。为此,ADO.NET 2.0 提供两个组件来提供这种新型的数据库应用,包括.NET Framework 数据提供程序和 DataSet。

.NET Framework 数据提供程序用于连接到数据库、执行命令和检索结果。可以直接处理检索到的结果或将其放到 ADO.NET DataSet 对象，以便与来自多个源的数据或在层之间进行远程处理的数据组合在一起以特殊方式向用户公开。.NET Framework 数据提供程序是轻量的，它在数据源和代码之间创建了一个最小层，以便在不以功能为代价的前提下提高性能。

.NET Framework 包括 4 种不同的数据提供程序，支持多种数据库的访问。

（1）SQL Server .NET Framework 数据提供程序：提供对 Microsoft SQL Server 7.0 或更高版本的数据访问，位于 SYSTEM.DATA.SQLCLIENT 命名空间内。

（2）OLE DB .NET Framework 数据提供程序：适用于 OLE DB 公开的数据源，位于 SYSTEM.DATA.OLEDB 命名空间。

（3）ODBC.NET Framework 数据提供程序：适用于 ODBC 公开的数据源，位于 SYSTEM.DATA.ODBC 命名空间。

（4）Oracle .NET Framework 数据提供程序：适用于 Oracle 数据源，位于 SYSTEM.DATAORA.CLECLIENT 命名空间。

为适应数据库应用程序的开发，.NET Framework 数据提供程序包含了 4 个核心对象。

（1）Connection：建立与特定数据源的连接。

（2）Command：对数据源执行数据库命令，用于返回数据、修改数据、运行存储过程以及发送和检索参数信息等。

（3）DataReader：从数据源种读取只进且只读的数据流。

（4）DataAdapter：执行 SQL 命令并用数据源填充 DataSet。DataAdapter 提供连接 DataSet 对象和数据源的桥梁。DataAdapter 使用 Command 对象在数据源中执行 SQL 命令，以便将数据加载到 DataSet 中，并使 DataSet 中的数据更改与数据源保持一致。

8.1.2　ADO.NET 数据访问模型概述

ADO.NET 对象模型中有 5 个主要的组件，分别是 Connection 对象、Command 对象、DataReader 对象、DataAdapter 对象和 DataSet 对象。这些组件中负责建立联机和数据操作的部分称为数据操作组件（Managed Providers），分别由 Connection 对象、Command 对象、DataAdapter 对象以及 DataReader 对象所组成。数据操作组件最主要是当作 DataSet 对象以及数据源之间的桥梁，负责将数据源中的数据取出后植入 DataSet 对象中，以及将数据存回数据源的工作。

（1）Connection 对象：主要是开启程序和数据库之间的连接。没有利用连接对象将数据库打开，是无法从数据库中取得数据的。这个对象在 ADO.NET 的最底层，可以自己产生这个对象，或是由其他对象自动产生。

（2）Command 对象：主要用来对数据库发出一些指令，如可以对数据库下达查询、新增、修改、删除数据等指令，以及呼叫存在数据库中的预存程序等。这个对象架构在 Connection 对象上，也就是 Command 对象是通过连接到数据源的 Connection 对象来下命令的。所以 Connection 连接到哪个数据库，Command 对象的命令就下到哪里。

（3）DataAdapter 对象：主要是在数据源以及 DataSet 之间执行数据传输的工作，它可以通过 Command 对象下达命令，并将取得的数据放入 DataSet 对象中。这个对象架构在 Command 对象上，并提供了许多配合 DataSet 使用的功能。

（4）DataSet 对象：可以视为一个暂存区（Cache），可以把从数据库中查询到的数据保留起来，甚至可以将整个数据库显示出来。DataSet 的能力不只是可以存储多个 Table 而已，还可以透过 DataAdapter 对象取得一些诸如主键等的数据表结构，并可以记录数据表间的关联。DataSet 对象可以说是 ADO.NET 中重量级的对象，这个对象架构在 DataAdapter 对象上，本身不具备和数据源沟通的能力，也就是说是将 DataAdapter 对象当作 DataSet 对象以及数据源间传输数据的桥梁。

（5）DataReader 对象：当只需要循序地读取数据而不需要其他操作时，可以使用 DataReader 对象。DataReader 对象只是一次一笔向下循序地读取数据源中的数据，而且这些数据是只读的并不允许作其他操作。因为 DataReader 在读取数据的时候限制了每次只读取一笔而且只能只读，所以使用起来不但节省资源而且效率很高。使用 DataReader 对象除了效率较高之外，因为不用把数据全部传回，故可以降低网络的负载。

针对不同的数据库，ADO.NET 提供了两套类库：第一套类库可以存取所有基于 OLEDB 提供的数据库，如 SQL Server、Access、Oracle 等；第二套类库专门用来存取 SQL Server 数据库。

具体的 ADO.NET 对象名称如表 8.1 所示。

表 8.1　ADO.NET 对象名称

对　　象	OLE DB 对象	SQL 对象
Connection	OleDbConnection	SqlConnection
Command	OleDbCommand	SqlCommand
DataReader	OleDbDataReader	SqlDataReader
DataAdapter	OleDbDataAdapter	SqlDataAdapter
DataSet	DataSet	DataSet

8.2　使用 Connection 对象连接数据库

在 ADO.NET 中，可以使用 Connection 对象来连接到指定的数据源。若要连接到 Microsoft SQL Server 7.0 版本或更高版本，则需使用 SQL Server .NET 数据提供程序的 SqlConnection 对象。若要使用用于 SQL Server 的 OLE DB 提供程序（SQLOLEDB）连接到 OLE DB 数据源或者连接到 Microsoft SQL Server 6.x 版本或较早版本，则需使用 OLE DB .NET 数据提供程序的 OleDbConnection 对象。

8.2.1　使用 ADO.NET 连接到 SQL Server

SQL Server .NET 数据提供程序使用 SqlConnection 对象提供的与 Microsoft SQL Server 7.0 版本或更高版本的连接。

SQL Server .NET 数据提供程序支持类似于 OLE DB（ADO）连接字符串格式的连接字符串格式。在编写连接字符串时需要注意以下编写规则：

（1）ConnectionString 类似于 OLE DB 连接字符串但并不相同。与 OLE DB 或 ADO 不同，如果"持续安全信息"值设置为 false（默认），则返回的连接字符串与用户设置的 ConnectionString 相同但去除了安全信息。除非将"持续安全信息"设置为 true，否则 SQL Server .NET 数据提供程序不持续或返回连接字符串中的密码。

（2）只有在连接关闭时才能设置 ConnectionString 属性。许多连接字符串值都具有相应的只读属性。当设置连接字符串时，将更新所有这些属性（除非检测到错误）。检测到错误时，不会更新任何属性。SqlConnection 属性只返回那些包含在 ConnectionString 中的设置。若要连接到本地机器，请将服务器指定为"(local)"。

（3）重置已关闭连接上的 ConnectionString 会重置包括密码在内的所有连接字符串值（和相关属性）。例如，如果设置一个包括 Database= northwind 的连接字符串，然后将该连接字符串重置为 Data Source=myserver;Integrated Security=SSPI，则 Database 属性将不再设置为 northwind。在设置后会立即分析连接字符串。如果在分析时发现语法中有错误，则产生运行库异常，如 ArgumentException。只有当试图"打开"（Open）该连接时，才会发现其他错误。

（4）值可以用单引号或双引号分隔（例如，name='value'或 name="value"）。通过使用另一种分隔符，可以在连接字符串中使用单引号或双引号。例如，name="value's"或 name='value"s'。但不能写成：name= 'value's'或 name= ""value""。将忽略所有空白字符，但放入值或引号内的空白字符除外。关键字值对必须用分号（;）隔开。如果分号是值的一部分，也必须用引号将其分隔。不支持任何转义序列。与值类型无关。名称不区分大小写。如果给定的名称在连接字符串中多次出现，将使用与最后一次出现相关联的值。

连接字符串的示例代码如下：

```
public void CreateSqlConnection()
{
    SqlConnection myConnection = new SqlConnection();
    myConnection.ConnectionString = "user id=sa;password=aU98rrx2;
    initial catalog=northwind;
    data source=mySQLServer;
    Connect Timeout=30";
    myConnection.Open();
}
```

每次用完 Connection 后都必须将其关闭。这可以用 Connection 对象的 Close 或 Dispose 方法来实现。当 Connection 对象处于范围之外或者已通过垃圾回收得到回收时，连接不会隐式释放。

8.2.2 使用 ADO.NET 连接到 OLE DB 数据源

OLE DB .NET 数据提供程序通过 OleDbConnection 对象提供了与使用 OLE DB 公开的数据源的连接以及与 Microsoft SQL Server 6.x 版本或较早版本（通过用于 SQL Server 的

OLE DB 提供程序 SQLOLEDB）的连接。

对于 OLE DB .NET 数据提供程序，连接字符串格式与 ADO 中使用的连接字符串格式基本相同，但存在以下例外：

（1）Provider 关键字是必须关键字。

（2）不支持 URL、Remote Provider 和 Remote Server 关键字。

使用通用数据链接（UDL）文件可能会降低性能。可以使用 UDL 文件向 OLE DB .NET 数据提供程序提供 OLE DB 连接信息。但是，由于可以在任何 ADO.NET 客户端程序的外部修改 UDL 文件，所以每次连接打开时，都将分析包含对 UDL 文件的引用的连接字符串。这可能会降低性能。为了获得更高的性能，建议使用不包含 UDL 文件的静态连接字符串。

下列代码演示如何创建和打开与 OLE DB 数据源的连接。

```
OleDbConnection nwindConn = new OleDbConnection("Provider=SQLOLEDB;
Data Source=localhost;
Integrated Security=SSPI;
Initial Catalog=northwind");
nwindConn.Open();
```

8.3 使用 Command 对象执行数据库命令

当建立与数据源的连接后，可以使用 Command 对象来执行命令并从数据源中返回结果。可以使用 Command 构造函数来创建命令，该构造函数采用在数据源、Connection 对象和 Transaction 对象中执行的 SQL 语句的可选参数。也可以使用 Connection 的 CreateCommand 方法来创建用于特定 Connection 对象的命令。可以使用 CommandText 属性来查询和修改 Command 对象的 SQL 语句。

Command 对象公开了几个可用于执行所需操作的 Execute 方法。当以数据流的形式返回结果时，使用 ExecuteReader 可返回 DataReader 对象。使用 ExecuteScalar 可返回单个值。使用 ExecuteNonQuery 可执行不返回行的命令。

当把 Command 对象用于存储过程时，可以将 Command 对象的 CommandType 属性设置为 StoredProcedure。当 CommandType 为 StoredProcedure 时，可以使用 Command 的 Parameters 属性来访问输入及输出参数和返回值。无论调用哪一个 Execute 方法，都可以访问 Parameters 属性。但是，当调用 ExecuteReader 时，在 DataReader 关闭之前，将无法访问返回值和输出参数。

下列代码演示了如何设置 Command 对象的格式，以便从 Northwind 数据库中返回 Categories 的列表。

当使用 ADO.NET 连接到 SQL Server 时，相应代码如下：

```
SqlCommand catCMD = new SqlCommand("SELECT CategoryID, CategoryName FROM Categories",
nwindConn);
```

当使用 ADO.NET 连接到 OLE DB 数据源时，相应代码如下：

```
OleDbCommand catCMD = new OleDbCommand("SELECT CategoryID, CategoryName FROM Categories",
nwindConn);
```

SQL Server .NET 数据提供程序添加了一个性能计数器,它将能够检测与失败的命令执行相关的间歇性问题。若要确定因任何原因而失败的命令执行总次数,可以访问".NET CLR 数据"性能对象下"性能监视器"中的"SqlClient:失败命令的总数"计数器。

8.4 使用 DataAdapter 对象执行数据库命令

8.4.1 使用 DataAdapter 更新数据

DataAdapter 的 Update 方法可用来将 DataSet 中的更改解析回数据源。与 Fill 方法类似,Update 方法将 DataSet 的实例和可选的 DataTable 对象或 DataTable 名称用作参数。DataSet 实例是包含已作出的更改的 DataSet,而 DataTable 标识从其中检索更改的表。

当调用 Update 方法时,DataAdapter 将分析已作出的更改并执行相应的命令(INSERT、UPDATE 或 DELETE)。当 DataAdapter 遇到对 DataRow 的更改时,它将使用 InsertCommand、UpdateCommand 或 DeleteCommand 来处理该更改。这样,就可以通过在设计时指定命令语法并在可能时通过使用存储过程来尽量提高 ADO.NET 应用程序的性能。在调用 Update 之前,必须显式设置这些命令。如果调用了 Update 但不存在用于特定更新的相应命令(例如,不存在用于已删除行的 DeleteCommand),则将引发异常。

Command 参数可用于为 DataSet 中每个已修改行的 SQL 语句或存储过程指定输入和输出值。如果 DataTable 映射到单个数据库表或从单个数据库表生成,则可以利用 CommandBuilder 对象自动生成 DataAdapter 的 DeleteCommand、InsertCommand 和 UpdateCommand。

Update 方法会将更改解析回数据源,但是自上次填充 DataSet 以来,其他客户端可能已修改了数据源中的数据。若要使用当前数据刷新 DataSet,请再次使用 DataAdapter 填充(Fill)DataSet。新行将添加到该表中,更新的信息将并入现有行。

若要处理可能在 Update 操作过程中发生的异常,可以使用 RowUpdated 事件在这些异常发生时响应行更新错误,或者可以在调用 Update 之前将 DataAdapter.ContinueUpdateOnError 设置为 true,然后在 Update 完成时响应存储在特定行的 RowError 属性中的错误信息。

以下示例演示如何通过显式设置 DataAdapter 的 UpdateCommand 来执行对已修改行的更新。请注意,在 Update 语句的 WHERE 子句中指定的参数设置为使用 SourceColumn 的 Original 值。这一点很重要,因为 Current 值可能已被修改,并且可能不匹配数据源中的值。Original 值是曾用来从数据源填充 DataTable 的值。

当使用 ADO.NET 连接到 SQL Server 时,相应代码如下:

```
SqlDataAdapter catDA = new SqlDataAdapter("SELECT CategoryID, CategoryName FROM Categories",
nwindConn);
catDA.UpdateCommand = new SqlCommand("UPDATE Categories SET CategoryName = @CategoryName
WHERE CategoryID = @CategoryID" , nwindConn);
catDA.UpdateCommand.Parameters.Add("@CategoryName", SqlDbType.NVarChar, 15, "CategoryName");
```

```
SqlParameter workParm = catDA.UpdateCommand.Parameters.Add("@CategoryID", SqlDbType.Int);
workParm.SourceColumn = "CategoryID";
workParm.SourceVersion = DataRowVersion.Original;
DataSet catDS = new DataSet();
catDA.Fill(catDS, "Categories");
DataRow cRow = catDS.Tables["Categories"].Rows[0];
cRow["CategoryName"] = "New Category";
catDA.Update(catDS);
```

当使用 ADO.NET 连接到 OLE DB 数据源时，相应代码如下：

```
OleDbDataAdapter catDA = new OleDbDataAdapter("SELECT CategoryID, CategoryName FROM Categories",
nwindConn);
catDA.UpdateCommand = new OleDbCommand("UPDATE Categories SET CategoryName = ? WHERE
CategoryID = ?" , nwindConn);
catDA.UpdateCommand.Parameters.Add("@CategoryName", OleDbType.VarChar, 15, "CategoryName");
OleDbParameter workParm = catDA.UpdateCommand.Parameters.Add("@CategoryID", OleDbType.Integer);
workParm.SourceColumn = "CategoryID";
workParm.SourceVersion = DataRowVersion.Original;
DataSet catDS = new DataSet();
catDA.Fill(catDS, "Categories");
DataRow cRow = catDS.Tables["Categories"].Rows[0];
cRow["CategoryName"] = "New Category";
catDA.Update(catDS);
```

8.4.2　将参数用于 DataAdapter

DataAdapter 具有 4 项用于从数据源检索数据和向数据源更新数据的属性。SelectCommand 属性从数据源中返回数据。InsertCommand、UpdateCommand 和 DeleteCommand 属性用于管理数据源中的更改。在调用 DataAdapter 的 Fill 方法之前，必须设置 SelectCommand 属性。根据对 DataSet 中的数据作出的更改，在调用 DataAdapter 的 Update 方法之前，必须设置 InsertCommand、UpdateCommand 或 DeleteCommand 属性。例如，如果已添加行，在调用 Update 之前必须设置 InsertCommand。当 Update 处理已插入、更新或删除的行时，DataAdapter 将使用相应的 Command 属性来处理该操作。有关已修改行的当前信息将通过 Parameters 集合传递到 Command 对象。

例如，当更新数据源中的行时，将调用 UPDATE 语句，它使用唯一标识符来表示该表中要更新的行。该唯一标识符通常是主键字段的值。UPDATE 语句使用既包含唯一标识符又包含要更新的列和值的参数，如以下 SQL 语句所示。

UPDATE Customers SET CompanyName = @CompanyName WHERE CustomerID = @CustomerID

在该示例中，CompanyName 字段使用其中 CustomerID 等于@CustomerID 参数值的行的@CompanyName 参数的值来进行更新。这些参数使用 Parameter 对象的 SourceColumn 属性从已修改的行中检索相关信息。

以下示例显示要用作 DataAdapter 的 SelectCommand、InsertCommand、UpdateCommand

和 DeleteCommand 属性的 CommandText 的示例 SQL 语句。对于 OleDbDataAdapter 对象，必须使用问号（?）占位符来标识参数。对于 SqlDataAdapter 对象，必须使用命名参数。

当使用 ADO.NET 连接到 SQL Server 时，相应代码如下：

```
string selectSQL = "SELECT CustomerID, CompanyName FROM Customers WHERE Country = @Country AND City = @City";
string insertSQL = "INSERT INTO Customers (CustomerID, CompanyName) VALUES (@CustomerID, @CompanyName)";
string updateSQL = "UPDATE Customers SET CustomerID = @CustomerID, CompanyName = @CompanyName WHERE CustomerID = @OldCustomerID";
string deleteSQL = "DELETE FROM Customers WHERE CustomerID = @CustomerID";
```

当使用 ADO.NET 连接到 OLE DB 数据源时，相应代码如下：

```
string selectSQL = "SELECT CustomerID, CompanyName FROM Customers WHERE Country = ? AND City = ?";
string insertSQL = "INSERT INTO Customers (CustomerID, CompanyName) VALUES (?, ?)";
string updateSQL = "UPDATE Customers SET CustomerID = ?, CompanyName = ? WHERE CustomerID = ? ";
string deleteSQL = "DELETE FROM Customers WHERE CustomerID = ?";
```

参数化查询语句定义将需要创建哪些输入和输出参数。若要创建参数，请使用 Parameters.Add 方法或 Parameter 构造函数来指定列名称、数据类型和大小。对于内部数据类型（如 Integer），无须包含大小或者可以指定默认大小。

当使用 ADO.NET 连接到 SQL Server 时，相应代码如下：

```
SqlConnection nwindConn = new SqlConnection("Data Source=localhost;Integrated Security= SSPI;Initial Catalog=northwind");
SqlDataAdapter custDA = new SqlDataAdapter();
SqlCommand selectCMD = new SqlCommand(selectSQL, nwindConn);
custDA.SelectCommand = selectCMD;
selectCMD.Parameters.Add("@Country", SqlDbType.NVarChar, 15).Value = "UK";
selectCMD.Parameters.Add("@City", SqlDbType.NVarChar, 15).Value = "London";
DataSet custDS = new DataSet();
custDA.Fill(custDS, "Customers");
```

当使用 ADO.NET 连接到 OLE DB 数据源时，相应代码如下：

```
OleDbConnection nwindConn = new OleDbConnection("Provider=SQLOLEDB;Data Source=localhost;Integrated Security=SSPI;Initial Catalog=northwind;");
OleDbDataAdapter custDA = new OleDbDataAdapter();
OleDbCommand selectCMD = new OleDbCommand(selectSQL, nwindConn);
custDA.SelectCommand = selectCMD;
selectCMD.Parameters.Add("@Country", OleDbType.VarChar, 15).Value = "UK";
selectCMD.Parameters.Add("@City", OleDbType.VarChar, 15).Value = "London";
DataSet custDS = new DataSet();
custDA.Fill(custDS, "Customers");
```

如果没有为参数提供参数名称，则将给该参数提供递增的默认名称 ParameterN，参数名称从 Parameter1 开始。建议在提供参数名称时避免使用 ParameterN 命名约定，因为所提供的名称可能会与 ParameterCollection 中现有的默认参数名称发生冲突。如果提供的名称已经存在，将引发异常。

8.5　连接池技术

8.5.1　SQL Server .NET 连接池

SQL Server .NET 数据提供程序的连接池管理。连接池可以显著提高应用程序的性能和可缩放性。SQL Server .NET 数据提供程序提供了自动为 ADO.NET 客户端应用程序管理连接池的功能。在程序中也可以提供几个连接字符串修饰符来控制连接池行为。连接池具有以下行为。

1. 连接池的创建和分配

当连接打开时，将根据一种精确的匹配算法来创建连接池，该算法会使连接池与连接中的字符串相关联。每个连接池都与一个不同的连接字符串相关联。当新连接打开时，如果连接字符串不精确匹配现有连接池，则将创建一个新连接池。在以下示例中，将创建 3 个新的 SqlConnection 对象，但只需要使用两个连接池来管理这些对象。注意，第一个和第二个连接字符串的差异在于为 Initial Catalog 分配的值。

```
SqlConnection conn = new SqlConnection();
conn.ConnectionString = "Integrated Security=SSPI;
Initial Catalog=northwind";
conn.Open();   //连接池 A 被创建

SqlConnection conn = new SqlConnection();
conn.ConnectionString = "Integrated Security=SSPI;
Initial Catalog=pubs";
conn.Open();   //因为连接字符串不同，所以这段代码创建了新的连接池 B

SqlConnection conn = new SqlConnection();
conn.ConnectionString = "Integrated Security=SSPI;
Initial Catalog=northwind";
conn.Open();   //本次创建的连接池与连接池 A 是同一个实例
```

连接池一旦创建，直到活动进程终止时才会被毁坏。非活动或空池的维护只需要最少的系统开销。

2. 连接的添加

连接池是为每个唯一的连接字符串创建的。当创建一个连接池后，将创建多个连接对象并将其添加到该池中，以满足最小池大小的要求。连接将根据需要添加到连接池中，直至达到最大池大小。

当请求 SqlConnection 对象时，如果存在可用的连接，则将从连接池中获取该对象。若要成为可用连接，该连接当前必须未被使用，具有匹配的事务上下文或者不与任何事务上下文相关联，并且具有与服务器的有效链接。

如果已达到最大池大小且不存在可用的连接，则该请求将会排队。当连接被释放回接池中时，对象池管理程序将重新分配连接以满足这些请求。如果在可获取连接对象之前超时期限已过（由 Connect Timeout 连接字符串属性来决定）则将出错。

3. 连接的移除

如果连接生存期已过或者对象池管理程序检测到与服务器的连接已被断开，则对象池管理程序将从池中移除该连接。注意，只有在尝试与服务器进行通信后，才可以检测到这种情况。如果发现某连接不再连接到服务器，则会将其标记为无效。对象池管理程序会定期扫描连接池，以查找已被释放到池中并标记为无效的对象。找到后这些连接将被永久移除。

如果与已消失的服务器的连接还存在，那么即使对象池管理程序未检测到断开的连接并将其标记为无效，仍有可能将此连接从池中取出。当发生这种情况时将生成异常。但是为了将该连接释放回池中，仍必须将其关闭。

4. 事务支持

连接是根据事务上下文从连接池中取出并进行分配的。请求线程和所分配的连接的上下文必须匹配。因此，每个连接池实际上又分为不具有关联事务上下文的连接以及 N 个各自包含与一个特定事务上下文的连接的子部分。

当连接关闭时它将被释放回连接池中，并根据其事务上下文放入相应的子部分。因此，即使分布式事务仍然挂起，仍可以关闭该连接而不会生成错误。这样就可以在随后提交或终止分布式事务。

5. 使用连接字符串关键字控制连接池

SQLConnection 对象的 ConnectionString 属性支持连接字符串键/值对，这些键/值对可用于调整连接池逻辑的行为。

8.5.2　OLE DB 数据源连接池

连接池可以显著提高应用程序的性能和可缩放性。OLE DB .NET 数据提供程序使用 OLE DB 会话池来自动管理连接池。连接字符串参数可用于启用或禁用包括池在内的 OLE DB 服务。例如，以下连接字符串将禁用 OLE DB 会话池和自动事务登记。

```
Provider=SQLOLEDB;
OLE DB Services=-4;
Data Source=localhost;
Integrated Security=SSPI;
```

每次用完 Connection 后都必须将其关闭。这可以使用 Connection 对象的 Close 或 Dispose 方法来实现。未显式关闭的连接将不会添加或返回到池中。

8.6　ADO.NET 示例应用程序

8.6.1　简单示例

下面是一个简单的 ADO.NET 应用程序，它从数据源中返回结果并将输出写到控制台或命令提示符窗口。通过 ADO.NET 访问数据中提供的示例代码的大部分都可以放入利用此示例创建的模板，以查看特定 ADO.NET 功能的工作示例。

示例显示包含在 ADO.NET 应用程序中的典型命名空间。OLE DB 客户端的命名空间不同于 SQL Server 客户端的命名空间。对于 SQL Server .NET 数据提供程序（System.Data.SqlClient）和 OLE DB .NET 数据提供程序（System.Data.OleDb）都显示了相应的示例。如果需要可以在单个应用程序中同时使用 SQL Server .NET 数据提供程序和 OLE DB .NET 数据提供程序。

以下示例连接到 Microsoft SQL Server 2000 上的 Northwind 数据库，并使用 DataReader 返回一个"类别"（Categories）列表。

当使用 ADO.NET 连接到 SQL Server 时，相应代码如下：

```
using System;
using System.Data;
using System.Data.SqlClient;
class Sample
{
    public static void Main()
    {
        SqlConnection nwindConn = new SqlConnection("Data Source=localhost;Integrated Security=SSPI;
                        Initial Catalog=northwind");
        SqlCommand catCMD = nwindConn.CreateCommand();
        catCMD.CommandText = "SELECT CategoryID, CategoryName FROM Categories";
        nwindConn.Open();
        SqlDataReader myReader = catCMD.ExecuteReader();
        while (myReader.Read())
        {
            Console.WriteLine("\t{0}\t{1}", myReader.GetInt32(0), myReader.GetString(1));
        }
        myReader.Close();
        nwindConn.Close();
    }
}
```

当使用 ADO.NET 连接到 OLE DB 数据源时，相应代码如下：

```
using System;
using System.Data;
using System.Data.OleDb;

class Sample
```

```
{
  public static void Main()
  {
    OleDbConnection nwindConn = new OleDbConnection("Provider=SQLOLEDB;Data Source=localhost;
                    Integrated Security=SSPI;Initial Catalog=northwind");
    OleDbCommand catCMD = nwindConn.CreateCommand();
    catCMD.CommandText = "SELECT CategoryID, CategoryName FROM Categories";
    nwindConn.Open();
    OleDbDataReader myReader = catCMD.ExecuteReader();
    while (myReader.Read())
    {
      Console.WriteLine("\t{0}\t{1}", myReader.GetInt32(0), myReader.GetString(1));
    }
    myReader.Close();
    nwindConn.Close();
  }
}
```

8.6.2　ADO.NET DataSet 示例

ADO.NET DataSet 是数据的一种内存驻留表示形式，无论它包含的数据来自什么数据源，它都会提供一致的关系编程模型。一个 DataSet 表示整个数据集，其中包含对数据进行包含、排序和约束的表以及表间的关系。

使用 DataSet 的方法有若干种，这些方法可以单独应用也可以结合应用。

可以在 DataSet 中以编程方式创建 DataTables、DataRelations 和 Constraints 并使用数据填充这些表。接下来将会讲解如何通过 DataAdapter 将现有关系数据源中的数据表填充 DataSet。

以下代码是创建 DataAdapter 的一个实例，该实例使用与 Microsoft SQL Server Northwind 数据库的 Connection 并使用客户列表来填充 DataSet 中的 DataTable。向 DataAdapter 构造函数传递的 SQL 语句和 Connection 参数用于创建 DataAdapter 的 SelectCommand 属性。

当使用 ADO.NET 连接到 SQL Server 时，相应代码如下：

```
SqlConnection nwindConn = new SqlConnection("Data Source=localhost;Integrated Security=SSPI;Initial
                Catalog=northwind");
SqlCommand selectCMD = new SqlCommand("SELECT CustomerID, CompanyName FROM Customers",
                nwindConn);
selectCMD.CommandTimeout = 30;
SqlDataAdapter custDA = new SqlDataAdapter();
custDA.SelectCommand = selectCMD;
nwindConn.Open();
DataSet custDS = new DataSet();
custDA.Fill(custDS, "Customers");
nwindConn.Close();
```

当使用 ADO.NET 连接到 OLE DB 数据源时，相应代码如下：

```
OleDbConnection nwindConn = new OleDbConnection("Provider=
SQLOLEDB;Data Source=localhost;Integrated Security=SSPI;Initial Catalog=northwind");
OleDbCommand selectCMD = new OleDbCommand("SELECT CustomerID, CompanyName FROM Customers",
                        nwindConn);
selectCMD.CommandTimeout = 30;
OleDbDataAdapter custDA = new OleDbDataAdapter();
custDA.SelectCommand = selectCMD;
DataSet custDS = new DataSet();
custDA.Fill(custDS, "Customers");
```

DataAdapter 的 SelectCommand 属性是一个 Command 对象，它从数据源中检索数据。DataAdapter 的 InsertCommand、UpdateCommand 和 DeleteCommand 属性也是 Command 对象，它们按照对 DataSet 中数据的修改来管理对数据源中数据的更新。这些属性将在使用 DataAdapter 和 DataSet 更新数据库中详细介绍。

DataAdapter 的 Fill 方法用于使用 DataAdapter 的 SelectCommand 的结果来填充 DataSet。Fill 将要填充的 DataSet 和 DataTable 对象（或要使用从 SelectCommand 中返回的行来填充的 DataTable 的名称）用作它的参数。

Fill 方法使用 DataReader 对象来隐式地返回用于在 DataSet 中创建表的列名称和类型以及用来填充 DataSet 中的表行的数据。表和列仅在不存在时才创建，否则 Fill 将使用现有的 DataSet 架构。列类型按照将.NET 数据提供程序数据类型映射到.NET 框架数据类型中的表创建为.NET 框架类型。除非数据源中存在主键并且 DataAdapter.MissingSchemaAction 设置为 MissingSchemaAction.AddWithKey，否则不会创建主键。如果 Fill 发现存在用于某表的主键，那么对于其中的主键列值与从数据源中返回的行的主键值相匹配的行，它将使用数据源中的数据改写 DataSet 中的数据。如果未找到任何主键，则数据将追加到 DataSet 中的表。当填充 DataSet 时，Fill 会使用任何可能存在的 TableMappings。

以上代码不显式打开和关闭 Connection。如果 Fill 方法发现连接尚未打开，它将隐式地打开 DataAdapter 正在使用的 Connection。如果 Fill 已打开连接，它还将在 Fill 完成时关闭 Connection。当处理单一操作（如 Fill 或 Update）时，这可以简化代码。但是，如果在执行多项需要打开连接的操作时，则可以通过以下方式提高应用程序的性能：显式调用 Connection 的 Open 方法对数据源执行操作，然后调用 Connection 的 Close 方法。为了释放资源供其他客户端应用程序使用，应设法使与数据源的连接打开尽可能短的时间。

如果 DataAdapter 遇到多个结果集，它将在 DataSet 中创建多个表。将向这些表提供递增的默认名称 TableN，以表示 Table0 的 Table 为第一个表名。如果以参数形式向 Fill 方法传递表名称，则将向这些表提供递增的默认名称 TableNameN，这些表名称以表示 TableName0 的 TableName 为起始。

可以将任意数量的 DataAdapter 与一个 DataSet 一起使用。每个 DataAdapter 都可用于填充一个或多个 DataTable 对象并将更新解析回相关数据源。下列代码从 Microsoft SQL Server 2000 上的 Northwind 数据库填充客户列表，从存储在 Microsoft® Access 2000 中的 Northwind 数据库填充订单列表。已填充的表通过 DataRelation 相关联，然后客户列表将与相应客户的订单一起显示出来。

```
SqlConnection custConn = new SqlConnection("Data Source=localhost;Integrated Security=SSPI;Initial
Catalog=northwind;");
SqlDataAdapter custDA = new SqlDataAdapter("SELECT * FROM Customers", custConn);
OleDbConnection orderConn = new OleDbConnection("Provider=Microsoft.Jet.OLEDB.4.0;Data Source=
c:\\Program Files\\Microsoft Office\\Office\\Samples\\northwind.mdb;");
OleDbDataAdapter orderDA = new OleDbDataAdapter("SELECT * FROM Orders", orderConn);
custConn.Open();
orderConn.Open();
DataSet custDS = new DataSet();
custDA.Fill(custDS, "Customers");
orderDA.Fill(custDS, "Orders");
custConn.Close();
orderConn.Close();
DataRelation custOrderRel = custDS.Relations.Add("CustOrders",custDS.Tables["Customers"].Columns
["CustomerID"],custDS.Tables["Orders"].Columns["CustomerID"]);
foreach (DataRow pRow in custDS.Tables["Customers"].Rows)
{
    Console.WriteLine(pRow["CustomerID"]);
    foreach (DataRow cRow in pRow.GetChildRows(custOrderRel))
    Console.WriteLine("\t" + cRow["OrderID"]);
}
```

第9章 网站发布与维护

9.1 网站信息发布

9.1.1 网站发布方式

历尽千辛万苦，个人网站终于有点模样了。这么小巧的"家"不能只放在自己的电脑上欣赏。要到网上找一块地盘，给自己的网站找一个窝，就是找一个主页存放空间。

目前，国内外提供免费的个人主页存放空间服务的地方很多。例如，人人斑竹网个人主页空间为 http://www.banzhu.net，其空间无限，浏览速度特快，服务功能全，有配套的计数器、留言板、BBS 论坛等。申请方便，可开通 PHP 等权限。中国酷网：http://www.kudns.com。申请极易成功，提供 1000MB 空间，快速、便捷。服务质量高，系统稳定性好。主机屋也有免费空间提供，访问地址是 http://www.zhujiwu.com，实行实名认证，上传身份证，如果不通过则无法申请。

但由于是免费的，往往容易出一些问题。找一个好的"家"也有很多学问。

（1）选择信誉较好的大公司。一般而言，大公司具有较强的实力，能够保证较好的服务。而且大网站的主机要稳定一些，不会经常出现服务器忙、连不上，甚至发生文件丢失现象。

（2）网站速度越快越好。用专业术语说应该是带宽越大越好。很显然，如果网站的速度太慢，读取一页就要花两分钟，恐怕到"家"的访客会立刻掉头就走。一般来说，位于主节点上的主机肯定要快一些。

（3）网络空间，作者不认为是越大越好，只要够用就行了。一般 10MB 就足够了，一般 1MB 的空间可以存放图文丰富的页面大概 50 张，那么 10MB 就相当于 500 张的容量。

（4）有的网站提供 ASP、CGI 支持，对小"家"来说没有多少必要。有很多地方免费提供留言板、投票系统，甚至还可以申请到免费的论坛。直接拿来用就行，不需要自己来设计这些高级功能。

（5）是否支持 FrontPage Server Extension，这是一个 FrontPage 服务器扩展程序。如果服务器上提供了 FrontPage 服务器扩展程序服务，那么"家"的发布步骤会简单一些。否则，网页中设置的许多动态 HTML 将无法正确显示。

9.1.2 用 Visual Studio 2008 发布

使用 Visual Studio 2008 开发完成网站项目后，可以直接进行网站发布。网站发布将编译网站并将输出复制到指定的位置，如成品服务器。发布完成以下任务：

第一，将 App_Code 文件夹中的页、源代码等预编译到可执行输出中。

第二，将可执行输出写入目标文件夹。

与简单地将网站复制到目标 Web 服务器相比，发布网站提供了以下优点：

（1）预编译过程能发现任何编译错误，并在配置文件中标识错误。

（2）单独页的初始响应速度更快，因为页已经过编译。如果不先编译页就将其复制到网站，则将在第一次请求时编译页，并缓存其编译输出。

（3）不会随网站部署任何程序代码，从而为文件提供了一项安全措施。可以带标记保护发布网站，这将编译.aspx 文件；或者不带标记保护发布网站，这将把.aspx 文件按原样复制到网站中并允许部署后对其布局进行更改。接下来将详细说明并演示如何使用 Visual Studio 2008 开发工具的"发布网站"实用工具来编译网站，然后将输出复制到一个活动网站。

如果想要将完成的网站部署到服务器中，可以使用 Visual Studio 2008 开发工具提供的"发布网站"实用工具。"发布网站"实用工具对网站中的页和代码进行预编译，然后将编译器输出写入指定的文件夹。接着可以将输出复制到目标 Web 服务器，并从目标 Web 服务器中运行应用程序。

在此演示中，假定网站项目已开发完成，计算机上已经正在运行 IIS 服务，并且拥有为其创建虚拟目录的权限。发布网站的步骤如下：

（1）在"解决方案资源管理器"中选中网站项目，右击该项目，在弹出的快捷菜单中选择"发布网站"命令，弹出"发布网站"对话框，如图 9.1 所示。

（2）在"目标位置"文本框中输入"c:\CompiledSite"，如图 9.2 所示。

图 9.1 "发布网站"对话框

图 9.2 设置目标位置

（3）单击"确定"按钮。Visual Studio 2008 预编译网站的内容，并将输出写入指定的文件夹。"输出"窗口显示进度消息。如果编译时发生一个错误，"输出"窗口中会报告该错误。

（4）如果发布过程中发生错误，请修复这些错误，然后重复步骤（1）。当 Visual Studio 2008 左下角的状态栏出现"发布成功"时，则发布网站成功完成。

（5）接着把网站部署到本机的 IIS 服务器上。打开 IIS 管理工具，创建一个指向目标文件夹的 IIS 虚拟目录。首先在"默认网站"图标上右击，在弹出的快捷菜单中选择"新建"命令，再在弹出的对话框中单击"虚拟目录"按钮，单击"下一步"按钮，然后在弹出的对话框中输入虚拟目录名称 CompiledSite，单击"下一步"按钮，定位到刚刚发布的网站目录。最后完成网站的部署。

（6）打开浏览器，输入"http://localhost/CompiledSite"出现网站的首页。

9.1.3　用 Dreamweaver MX 发布

在发布网站之前先使用 Dreamweaver MX 2004 站点管理器对网站文件进行检查和整理，这一步很必要。可以找出断掉的链接、错误的代码和未使用的孤立文件等，以便进行纠正和处理。

·　步骤如下：在编辑窗口中单击"站点"菜单，选择"检查站点范围的链接"命令，弹出"结果"对话框，如图 9.3 所示。

图 9.4 所示的是检查器检查出本网站与外部网站的链接的全部信息，对于外部链接，检查器不能判断正确与否，请自行核对。

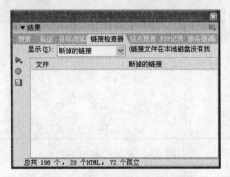

图 9.3　站点范围内的链接检查　　　　图 9.4　网站的外部链接检查

图 9.5 所示的是检查器找出的孤立文件，这些文件网页没有使用，但是仍在网站文件夹里存放，上传后它会占据有效空间，应该把它清除。清除办法是先选中文件，按 Delete 键，单击"确定"按钮。这些文件就放在"回收站"中。

如果不想删除这些文件，单击"保存报告"按钮，在弹出的对话框中给报告文件一个保存路径和文件名即可。该报告文件为一个检查结果列表，可以参照此表进行处理。

纠正和整理之后，网站即可发布。

1.　发布站点操作

如果是第一次上传文件，远程 Web 服务器根文件夹是空文件夹时按以下操作进行。如果不是空文件夹，另行操作附后。

服务器根文件夹是空文件夹时，连接到远程站点，请执行以下操作。

在 Dreamweaver MX 2004 界面中，选择"站点"→"管理站点"命令。图 9.6 所示的"管理站点"对话框中 dwmx2004 是预先设置的，如果不知道如何设置站点，请查看"设置站点"的相关内容。

选择一个站点（即本地根文件夹），然后单击"编辑"按钮，如图 9.7 所示。

单击对话框顶部的"基本"标签。在前面"设置站点"时，已填写了"基本"选项卡中的前几个步骤，因此依次单击"下一步"按钮，直到向导顶部高亮度显示"共享文件"步骤，如图 9.8 所示。

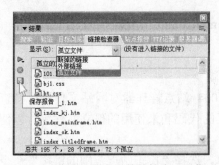

图 9.5　孤立文件的检查

图 9.6　站点管理

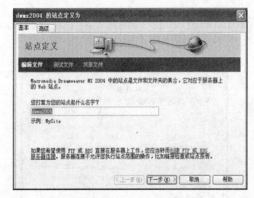

图 9.7　站点名称编辑

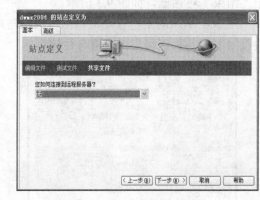

图 9.8　设置远程服务器名

在"您如何连接到远程服务器?"下拉列表框中选择 FTP 选项,单击"下一步"按钮,在弹出的如图 9.9 所示的对话框中,服务器的主机名必须填入;"您打算将您的文件存储在服务器上的什么文件夹中?"文本框可以留空;在相应文本框中输入用户名和密码;"使用安全 FTP(SFTP)"复选框可不选中。最后单击"测试连接"按钮。

如果连接不成功,请检查设置或咨询系统管理员。

在输入相应信息后,单击"下一步"按钮,进行文件存回和取出的设置,如图 9.10 所示。

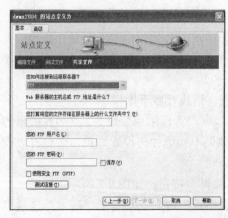

图 9.9　FTP 站点连接设置

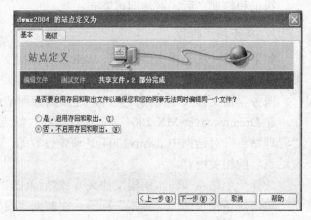

图 9.10　文件存回和取出设置

不要为站点启用文件存回和取出,单击"下一步"按钮。单击"完成"按钮以完成远程站点的设置。再次单击"完成"按钮以退出"管理站点"对话框。

2. 上传文件

在设置了本地文件夹和远程文件夹（空文件夹）之后，可以将文件从本地文件夹上传到 Web 服务器。具体操作如下：

在"文件"界面（选择"窗口"→"文件"命令）中，选择站点的本地根文件夹。

单击"文件"界面工具栏上的"上传文件"图标 。文件夹列表如图 9.11 所示。
Dreamweaver MX 2004 会将所有文件复制到服务器默认的远程根文件夹。

多数空间提供商都设置有服务器默认的文件夹，请在此文件夹下创建一个空文件夹。方法是：首先在"文件"界面，将"本地视图"转换为"远程视图"；然后右击默认文件夹的空白区域，在弹出的快捷菜单中选择"新建文件夹"命令；最后输入一个名称，用作自己的远程根文件夹，名称与自己的本地根文件夹的名称一致，便于操作。

为了操作更直观，也可以最大化"文件"界面。单击"文件"面板的最右边的"扩展/折叠"按钮，最大化"文件"面板，如图 9.12 所示，左边为远端站点内容，右边为本地文件内容。这是将文件夹展开的示例，便于读者观察，供参考。

图 9.11　上传文件列表　　　　　　　　　图 9.12　本地和远程文件夹对比

单击 图标，Dreamweaver MX 2004 将所有文件复制到已定义的远程文件夹。

提示

第一次上传必须要清楚网络空间服务商指定的服务器默认的存放网页的文件夹，在此文件夹下存放站点文件。访问自己的网站地址为：http://www.jhc.cn/index.htm。

如果在服务器默认的文件夹下建立了与本地根文件夹同名的文件夹，那么访问自己的网站，需要用这样的地址：http://www.jhc.cn/（文件夹名）/index.htm。

上传完毕，在浏览器中输入浏览地址，测试上传的结果。

9.1.4 用 CuteFTP 发布

已经做好自己的网站后，最后一个环节就是网站的发布，让网页真正连接到 Internet。

1. 申请空间

在网站上传到 Internet 之前，必须申请一个存放网站文件的空间。目前，网上提供的空间有收费和免费两种。收费空间提供的功能较多、空间大、服务器比较稳定；而免费的空间小、页面有广告链接、不提供辅助功能或不支持 ASP.NET 网页。建议新手可以申请一个免费的空间，待自己的设计能力提高后再选择稳定的收费空间。

2. 上传网站

网页空间申请好后，就要将网站的文件上传到这个空间了。一般的网站都会提供 FTP 上传方式，因此需要安装一款 FTP 文件上传工具。接下来以最常用的 CuteFTP 为例进行介绍。这款软件能够快速地上传或下载整个站点文件，并支持断点续传功能。

在文件上传之前，还需要对 CuteFTP 进行相关的设置。打开 CuteFTP 界面，程序提供了左右两个窗口，左侧为本地文件夹列表，在此可以打开已经制作好的网站文件夹；右侧为远程目录窗口，登录服务器成功后，这个窗口可以显示服务器上的网站文件。

设置时在 CuteFTP 主窗口中选择"文件"→"站点管理"命令（或按 F4 键），弹出站点设置对话框，如图 9.13 所示。在这里需要新建一个站点。单击"新建"按钮，在站点列表中多出一个新站点文件，随后在右侧的站点信息中输入该站点的相关信息。其中，在"站点标签"文本框中任意输入站点名称。在"FTP 主机地址"文本框中输入申请空间时服务器提供的 FTP 地址。在"FTP 站点用户名称"和"FTP 站点密码"文本框中分别输入用户名和密码。在下面的"FTP 站点连接端口"文本框中输入程序默认的 FTP 连接端口 21。在"登录类型"栏中选中"普通"单选按钮即可。

图 9.13 站点设置

以上设置完成后单击"连接"按钮，CuteFTP 便可以快速地登录到服务器，此时可以看到远程目录列表中只有一个 Index.html 文件，这说明该服务器默认的首页为 Index.html 文件。在本地窗口中找到制作好的 Index.html，用鼠标将它拖动到"远程窗口"中，随后弹出一个提示对话框提示该文件已存在是否替换，单击"是"按钮即可将自己制作的首页文件上传到服务器上并替换 Index.html 文件。

首页上传后，还需要将网站中的所有文件及文件夹上传，上传这些文件时单击"本地文件夹"项并选择"编辑"→"全部选择"命令，选中本地站点中所有文件及文件夹并拖动到远程窗口中，如图 9.14 所示，CuteFTP 会自动将这些文件上传到服务器上。

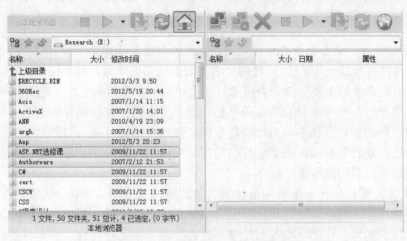

图 9.14 拖动文件至远程文件夹

3. 网站管理

只要在 IE 地址栏中输入网址即可浏览网站。为了吸引更多的浏览者，应该经常更新网站内容。先将需要更新的网页制作好，再按照上面的方法覆盖服务器上的网页文件即可更新网站内容。除此之外，在进行管理时，需要经常利用 CuteFTP 来下载或修改网站文件，这些操作都比较简单，在软件的远程窗口中就能实现。

9.2 网站测试技术

随着网络技术的不断成熟，网站功能日益增加，越来越多的业务系统演化为基于 Web 的应用，如 Web OA、电子商务等。测试是为这些服务降低风险的主要手段。对网站的测试应从用户界面、功能、兼容性、性能和安全等几方面综合考虑，并借助自动测试工具提高效率。

9.2.1 测试方法

网站测试采用灰盒测试方法。灰盒测试结合了白盒测试和黑盒测试的要素，既关注软件的外部属性和行为，又在源代码处了解软件内部数据结构、实际的逻辑流程和体系结构的基础上测试软件，是从开发者的角度看待测试，综合考虑用户端、特定的系统知识和操作环境。Web 应用由大量的组件（包括软件和硬件）组成，这些组件必须在设计系统的环境中测试，以便评价它们的功能和兼容性。而灰盒测试在系统组件的协同性环境中评价软件的设计，对基于 Web 的应用来说是最为有效完整的测试。灰盒测试涉及高层设计、环境和互操作性条件等，能发现容易被黑盒和白盒测试忽略的问题，特别是端对端的信息流问题、分布式硬/软件配置问题以及兼容性问题。在灰盒测试过程中通常能发现与 Web 系统密切相关的具体环境错误。

9.2.2　测试项目

1. 用户界面

（1）用户交互。是否有中心工作空间，并在各页面之间保持一致；是否每个页面都有导航工具，并保持外观一致。U1 控件的命名方式是否简明一致，每个控件的默认状态是否恰当。Web 应用系统的主要部分是否可通过主页访问；操作和响应方式是否与 Web 应用程序及行业标准一致，响应结果是否正确，是否发生了数据一致性错误和输出错误。如果说明文字指向右侧的图片，该图是否出现在右侧。表格中的证件号码与姓名放在左边，其他细节放在右边，是否更有效。根据所提供的帮助文档进行操作，是否能够出现预期结果。是否提供正确的反馈和错误提示信息。

（2）页面元素。整个 Web 应用系统的页面结构、U1 控件、字体、链接是否风格一致。背景颜色是否与字体颜色和前景颜色搭配。文字回绕是否正确，图片是否使段落没有对齐或出现孤行。表格每一栏的宽度是否足够，是否因某一单元格内容太多而将整行拉长。图片是否小于 30KB，首页是否采用了大图。

2. 功能测试

（1）链接。所有链接是否按指示的那样确实链接到了该链接的页面，所链接的页面是否存在。应保证 Web 应用系统上没有孤立的页面（即没有链接指向该页面，只有知道正确的 URL 地址才能访问）。链接测试必须在集成测试阶段完成，也就是说，在整个 Web 应用系统的所有页面开发完成之后进行链接测试。

（2）表单。必须测试表单提交操作的完整性与正确性。例如，用户填写的出生日期与职业是否恰当，填写的所属省份与所在城市是否匹配等。如果使用了默认值，要检验默认值的正确性。表单是否只能接受指定的某些值？如只能接受某些字符，测试时可以跳过这些字符，看系统是否会报错。服务器能否正确保存通过表单提交的数据，后台系统能否正确解释和使用这些信息。

（3）Cookie。如果 Web 应用系统使用了 Cookie，必须检查 Cookie 是否能正常工作，包括 Cookie 是否起作用，是否按预定的时间进行保存，刷新对 Cookie 有什么影响等。如果在 Cookie 中保存了注册信息，应确认该 Cookie 能够正常工作而且已对这些信息进行加密。如果使用 Cookie 来统计次数，需要验证次数累计是否正确。

（4）接口。应测试浏览器与服务器的接口，即提交事务，然后查看服务器记录，并验证在浏览器上看到的正好是服务器上发生的。还可以查询数据库，确认事务数据已正确保存。有些 Web 系统有外部接口。应要确认软件能够处理外部服务器返回的所有可能的消息。最容易被忽略的地方是接口错误处理。尝试在处理过程中中断事务，中断用户到服务器的网络连接，在这些情况下，系统能否正确处理这些错误。如果用户自己中断了事务处理，是否在用户没有返回网站确认的时候已保存了订单。

（5）应用系统的特定功能。应对应用系统特定的功能需求进行验证。尝试用户可能进行的所有操作，如下订单、更改订单、取消订单、在线支付等。

3. 客户端兼容性

（1）操作系统。是否能在 MAC 和 IBM 兼容机上浏览网站，是否使用了只在某个系统上才可用的字体或插件。

（2）浏览器。是否能用 Netscape、Internet Explorer 或者火狐浏览器浏览网站。不同厂商的浏览器对 Java Applet、DHTML、ActiveX、HTML、插件、安全协议及 HTTP 的支持不同。用户也会对浏览器进行不同的设置，如禁用图片或采用较高的安全级别。框架和层在不同的浏览器中显示效果不同，甚至根本不显示。IE 3.0 及以上版本才能使用 SSL 安全特性，但是对于老版本的用户应该有相关的消息提示。测试浏览器兼容性的一个方法是创建一个兼容性矩阵，在这个矩阵中测试不同厂商、不同版本的浏览器对某些插件和设置的适应性。

（3）屏幕设置。当改变屏幕分辨率（640×480、800×600、1024×768、1280×l024）、字体大小和显示器颜色深度（16 色、24 位真彩色、32 位真彩色）时，页面是否正常显示。

（4）连接性。有的用户享有 T1 专线，但许多人使用的是 28KB 或 56KB Modem。如果网站响应时间太长（如超过 5s），用户就会失去耐心而离开。另外，有些页面有超时限制，如果响应速度太慢，用户可能还没来得及浏览内容，就需要重新登录了。

（5）打印机。有时屏幕上所显示的图片和文本的对齐方式可能与打印出来的不一样，因此需要验证网页打印是否正常，至少应验证订单确认页面打印是正常的。

（6）组合测试。800×600 的分辨率在 MAC 机上可能不错，但是在 IBM 兼容机上却很难看。在 IBM 机器上使用 Netscape 能正常显示，但却无法使用火狐浏览器来浏览。理想的情况是，系统能在所有机器上运行，这样就不会限制将来的发展和变动。

4. 性能测试

（1）负载。负载测试是为了测量 Web 应用系统在某一负载级别上的性能，以保证 Web 应用系统在需求范围内能正常工作。负载级别可以是某个时刻同时访问 Web 应用系统的用户数量，也可以是在线数据处理的数量。例如，网站能允许多少个用户同时在线，如果超过了这个数量，会出现什么现象。Web 应用系统能否处理大量用户对同一个页面的访问，如能否在瞬间访问高峰时响应上百万的请求，在用户传送大量数据的时候能否响应，系统能否长时间运行。

（2）压力测试。进行压力测试是指在实际破坏一个 Web 应用系统的情况下，测试系统的反应，即系统的控制和故障恢复能力。Web 应用系统是否会崩溃，在什么情况下会崩溃。黑客常常提供错误的数据负载或发送大量数据包来攻击服务器，直到 Web 应用系统崩溃。

（3）可靠性。网站是否发生服务器内存泄露、数据库交易日志容量不足等问题。

5. 安全性测试

（1）身份认证。用户名和密码是否采用特定规则，如大小写敏感、限制最大字符数、限制字母和数字字符组合方式。如果用 ActiveX 或 Cooh 保存个人信息，是否加密，是否支持频繁地密码修改。是否限制登录失败次数。是否能够通过书签、历史登录信息或捕获的 URL 绕开登录程序。是否限制某些 IP 登录。用户登录后在一定时间内（如 10min）没有单击任何页面，是否需要重新登录才能正常使用。

（2）内容攻击。基于内容的攻击其载体是内容，攻击的对象是应用程序，目标是取得对应用主机的控制权，攻击主机。如填写表单数据时，采用恶意格式，导致 Web 组件执行错误，引发应用程序出错。是否防范了输入/输出攻击、数据攻击和计算攻击。对于目录和文件是否施加了访问控制，是否过滤恶意代码和命令，限制使用应用协议的命令集，检查基于关键词的信息内容。为组件的每个输入提供转义序列或元素集合的输入字符，是否导致意外结果；是否能够绕开有效性验证，从站点外部提交表单；是否发生缓冲区溢出。

（3）SSL（安全套接字）。使用 SSL 时，要测试加密是否正确，检查信息的完整性。是否有连接时间限制，超过限制时间后出现什么情况。

（4）脚本语言。服务器端的脚本常常构成安全漏洞，有些脚本允许访问根目录，有些允许访问邮件服务器，这些漏洞常常被黑客利用。在没有经过授权的情况下，是否能在服务器端放置和编辑脚本。是否针对脚本语言的缺陷进行了处理。

6. 工具

应该说，好的测试都是自动测试，即测试计划由人设计，但实际的测试操作却是由程序或者自动化工具来完成。一方面，测试的目的在于发现错误，在改正错误的过程中必然要进行频繁的回归测试（Ression Testing），而所测试的内容多半是重复的，这样的重复劳动可以交给计算机去完成；另一方面，有些测试过程没有办法单纯靠手工完成，如底层通信协议测试、I/O 性能测试、对服务程序支持的并发交易量的测试等。对于这些测试需求，必须利用合适的自动化工具，模拟所需的测试环境，自动运行待测试的软件，并记录参数指标。鉴于回归测试工作量的庞大，以及某些特定的测试工作无法由人工完成等原因，测试必须自动化。

9.3 网站的维护

9.3.1 访问数据分析

1. 访问统计的重要性

网站设计不仅只是被动地迎合搜索引擎的索引，更重要的是充分利用搜索引擎带来的流量进行更深层次的用户行为分析。目前，来自搜索引擎关键词的统计几乎是各种 Web 日志分析工具的标准功能，相信商业日志统计工具在这方面应该会有更强化的实现。Web 日志统计这个功能如此重要，以至于新的 RedHat 8 中已经将日志分析工具 webalizer 作为标准的服务器配置应用之一。

以 Apache/webalizer 为例，具体的做法如下：

（1）记录访问来源。在 Apache 配置文件中设置日志格式为 combined 格式，这样的日志中会包含扩展信息。其中有一个字段就是相应访问的转向来源 HTTP_REFERER，如果用

户是从某个搜索引擎的搜索结果中找到了自己的网页并单击过来,日志中记录的 HTTP_
REFERER 就是用户在搜索引擎结果页面的 URL,这个 URL 中包含了用户查询的关键词。

（2）在 webalizer 中默认配置针对搜索引擎的统计。如何提取 HTTP_REFERER 中的
关键词呢?

webalizer 中默认有针对 Yahoo、Google 等国际流行搜索引擎的查询格式。针对国内门
户站点的搜索引擎参数设置如下所示。

SearchEngine	yahoo.com p=
SearchEngine	altavista.com q=
SearchEngine	google.com q=
SearchEngine	sina.com.cn word=
SearchEngine	baidu.com word=
SearchEngine	sohu.com word=
SearchEngine	163.com q=

通过这样设置,webalizer 统计时就会将 HTTP_REFERER 中来自搜索引擎的 URL 中的
keyword 提取出来。例如,所有来自 google.com 的链接中,参数 q 的值都将被作为关键词
统计下来,从汇总统计结果中就可以发现用户是根据什么关键词找到自己网站的次数,以
及找到自己网站的用户最感兴趣的是哪些关键词等。进一步地,在 webalizer 中有些设置还
可以将统计结果导出成 CSV 格式的日志,便于以后导入数据库进行历史统计,做更深层次
的数据挖掘等。

以前通过 Web 日志的用户分析主要是简单的基于日志中的访问时间/IP 地址来源等,
很明显,基于搜索引擎关键词的统计能得到的分析结果更丰富、更直观。因此,搜索引擎
服务的潜在商业价值几乎是不言而喻的,也许这也是 Yahoo、Altavista 等传统搜索引擎网
站在门户模式后重新开始重视搜索引擎市场的原因,看看 Google 的年度关键词统计就知道
了,在互联网上有谁比搜索引擎更了解用户对什么更感兴趣呢?

2. 选择访问统计服务

☑ Clicky 是一个简洁的全功能统计分析工具,它专门面向小网站和 Blog,便于安装,
提供了如实时跟踪访问者等高级功能。

☑ Enquisite 是一个专注于搜索引擎分析及 PPC 流量的统计系统。

☑ CrazyEgg 提供热点图功能。

☑ 103bees 实时搜索引擎分析及统计服务。

☑ Measure Map 是专门为 Blog 定制的统计服务,目前不提供注册。

☑ Whos.amung.us 是一个实时访问统计器,可以直接在站点上查看当前访问者人数,
无须注册。

☑ Feedburner、Feed 订阅统计服务,内部整合了 Blog 访问统计功能。

☑ Snoop 提供实时访问跟踪。

☑ ClickTale 以视频的方式记录访问者的访问情况。

☑ MyBlogLog 专门面向 Blog 的社区网站,同时也提供统计服务。

☑ Feedjit Blog Widget 服务可显示访问者来源、去向等实时信息，无须注册。

另外，Google 新推出了网站访问统计服务 Google Analytics，同时也是一个功能非常全面的 Adwords 营销工具。Google Analytics 分析软件由 Google 2005 年 3 月收购的 Web 研究公司 Urchin 旗下开发而成。语言支持英语、法语、意大利语、德语、西班牙语、荷兰语、日语、韩语、简体中文、繁体中文、葡萄牙语、丹麦语、芬兰语、挪威语、瑞典语和俄语，这项原本收费\$199 的服务现在免费提供给所有用户，只要有一个 Google 的服务账号，就可以立即开始免费使用。如果是 Adwords 用户就能享有完全免费的统计服务，否则每月不能超过 5 百万综合浏览量。

Google Analytics 为用户提供实际可操作的信息，通过改善网站内容及优化广告系列文字及图像等方式提高投资回报率。

只需将 Google Analytics 跟踪代码（如图 9.15 所示）粘贴到自己网站的各个网页中，跟踪会立即开始。不存在购买过程，也无须下载任何内容。如果用户不负责自己网站的修改，用户的网站管理员、设计人员或托管服务提供商可以在 5 分钟内为其完成这一过程。整体的分析结果如图 9.16 所示。

```
<script type="text/javascript">
 var gaJsHost = (("https:" == document.location.protocol) ?
 "https://ssl." : "http://www.");
 document.write(unescape("%3Cscript src='" + gaJsHost +
 "google-analytics.com/ga.js' type='text/javascript'%3E%3C/script%3E"));
</script>

<script type="text/javascript">
 var pageTracker = _gat._getTracker("UA-12345-1");
 pageTracker._initData();
 pageTracker._trackPageview("/my/virtual/url");
</script>
```

图 9.15 Analytics 跟踪代码

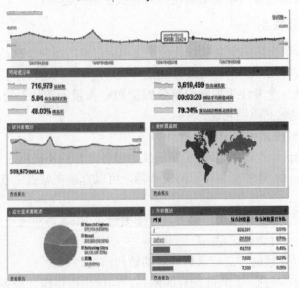

图 9.16 网站分析结果

3. 搭建自己的统计系统

（1）以 Google Analytics 为例，访问 http://www.google.com/analytics/zh-CN/。首先，需要拥有一个 Google 账户，立刻注册，用自己现有的邮箱名注册，注册方法如图 9.17 和图 9.18 所示。

图 9.17　Google Analytics 注册（1）

图 9.18　Google Analytics 注册（2）

（2）接受并创建账户后，弹出如图 9.19 所示的相关说明，单击"注册"按钮。然后通过如图 9.20 所示的方法新建注册账号。

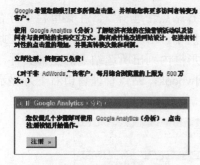

图 9.19　注册说明

图 9.20　新建注册站点信息

（3）单击"继续"按钮后弹出如图 9.21 所示的注册用户信息。

（4）单击"同意"按钮接受用户协议。

（5）将以下代码块复制到要跟踪的每一个网页。

复制所有的代码。在内容底部以及紧跟自己计划要跟踪的每个网页的</body>标签之前粘贴下面这些代码。如果使用包含文件或模板，则可以在文件的开头输入。

```
<script src="http://www.google-analytics.com/urchin.js" type="text/javascript">
</script>
<script type="text/javascript">
_uacct = "UA-3156713-1";
urchinTracker();
</script>
```

4. 学会查看数据

在 Google Analytics 的主页面，单击如图 9.22 所示的"查看报告"超链接，即可查看所设定的网站的详细报告。

图 9.21 注册用户信息   图 9.22 查看报告

9.3.2 远程与本地站点同步

本地与远程网站文件管理的方法除调出文件目录的方法不同之外,其余均相同,关键在于光标在本地网站窗口还是在远程网站窗口,光标在哪方,文件操作就针对哪方。注意,在操作远程网站之前必须使本地计算机连上 Internet 网,然后在网站管理窗口单击 Connect 按钮,使 Dreamweaver 与远程网站接通,否则不能操作远程网站文件。

1. 调出并查看网站文件目录

对于本地网站,选择 Window→Site Files 命令,打开站点管理窗口,在菜单栏下方有一个网站选择下拉列表框 `dwbook`,如图 9.23 所示,若本地有多个网站,则在此打开下拉列表选择网站,站点管理窗口右下方的白色矩形框内列出所选站点的全部文件,图 9.23 即是一个例子,在这个例子中选择的网站名为 dwbook,站点管理窗口右下方显示的是 dwbook 网站的全部文件。

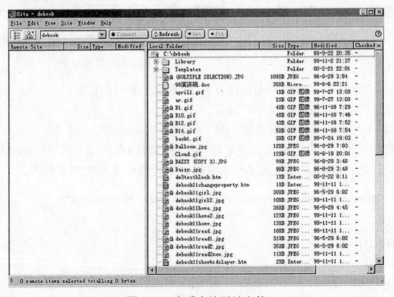

图 9.23 查看本地网站文件

查看本地网站文件也可以单击网站管理窗口的 Site Files 按钮 ,它在菜单栏下方。

对于远程网站，调出文件目录的方法是将 Dreamweaver 与远程网站接通，接通后网站管理窗口的远程网站窗口中自动显示远程网站文件目录。

2. 打开网站文件

在站点管理窗口，先选择网站，再双击欲打开的文件，该文件稍候则显示在文档窗口内。或者选择 File→Open 命令。

3. 增添文件夹

选择 File→New Folder 命令，或者右击文件目录显示区域，在弹出的快捷菜单中选择 New Folder 命令，在可在编辑文件夹名称处输入新文件夹名，如图 9.24 所示。

4. 增添文件

选择 File→New File 命令，或者右击文件目录显示区域，在弹出的快捷菜单中选择 New File 命令，输入新文件名，与增添文件夹类似。

5. 删除文件

右击欲删除文件，在弹出的快捷菜单中选择 Delete 命令，如图 9.25 所示。

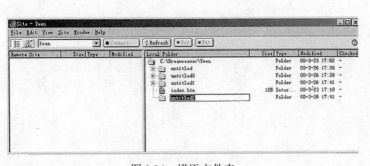

图 9.24　增添文件夹　　　　　　　　　　　图 9.25　删除文件

6. 文件重命名

选择欲重命名的文件，然后选择 File→Rename 命令，再输入新文件名。

9.3.3　检查与修正

做完网页后，应确认所有文本和图形都处于正确的位置，所有的超链接都正确。测试 Web 站点最有效的方法是检查内部和外部的链接来确认目标文件是否存在。因为一旦某个目标文件被删除，则有可能整个链接就被破坏。

在网页发布前，用浏览器来测试站点是一种最有效、最直观的手段。可以用像微软的 Internet Explorer 或者是 Mozilla 的 Firefox 来测试网页，一方面可以确认所有的链接是否正确，文本、图像、声音是否能按设计思想正常工作，动态 Web 页能否正确提交等；另一方面可以检验 Web 页的兼容性，或许网页在 IE 中一切都正常，但不见得在 Firefox 中就会同样令人满意，并且实际往往与此相反。要知道上网的用户中有一半以上是更钟情于 Firefox 的，应确保每个浏览自己网页的人都能得到最佳的显示效果。

高等职业教育"十二五"规划教材

第 10 章　网站安全管理

目前，黑客攻击已成为一个很严重的网络问题。许多黑客甚至可以突破 SSL 加密和各种防火墙，攻入 Web 网站的内部窃取信息。黑客甚至可以仅凭浏览器和几个入侵手段，即套取 Web 网站的客户信用卡资料和其他保密信息，给网络和用户造成巨大损失。

10.1　网站的安全性

目前，随着防火墙和补丁管理已逐渐走向规范化，各类网络设施应该比以往更完全，但不幸的是，黑客们已开始直接在应用层面对 Web 网站下手。要增强 Web 网站的安全性，需澄清 5 个错误理念。

1. Web 网站使用了 SSL 加密，所以很安全

单靠 SSL 加密无法保障网站的安全。网站启用 SSL 加密后，表明该网站发送和接收的信息都经过了加密处理，但是 SSL 无法完全保障存储在网站里的信息的安全。许多网站采用了 128 位 SSL 加密，但还是被黑客攻破。此外，SSL 也无法保护网站访问者的隐私信息，这些隐私信息直接存在网站服务器里面，这是 SSL 所无法保护的。

2. Web 网站使用了防火墙，所以很安全

防火墙有访问过滤机制，但还是无法应对许多恶意行为。许多网上商店、拍卖网站和 BBS 都安装了防火墙，但依然脆弱。防火墙通过设置"访客名单"可以把恶意访问排除在外，只允许善意的访问进来。但是，如何鉴别善意访问和恶意访问是一个问题。访问一旦被允许，后续的安全问题就不是防火墙能应对的了。

3. 漏洞扫描工具没发现任何问题，所以很安全

自 1990 年初以来，漏洞扫描工具已经被广泛使用，用以查找一些明显的网络安全漏洞。但是，这种工具无法对网站应用程序进行检测，无法查找程序中的漏洞。

漏洞扫描工具生成一些特殊的访问请求，发送给 Web 网站，在获取网站的响应信息后进行分析。该工具将响应信息与一些漏洞进行对比，一旦发现可疑之处即报出安全漏洞。目前，新版本的漏洞扫描工具一般能发现网站 90%以上的常见安全问题，但这种工具对网站应用程序也有很多无能为力的地方。

4. 网站应用程序的安全问题是程序员造成的

程序员确实造成了一些问题，但对于有些问题程序员无法掌控。例如，应用程序的源代码可能最初从其他地方获得，这是公司内部程序开发人员所不能控制的。或者，公司可能会请一些第三方包括动网、动力、动易在内的 ASP 系统开发商做一些定制开发，与原有

程序整合，这其中也可能会出现问题。或者，一些程序员会对一些免费代码做修改，但也隐藏着安全问题。再举一个极端的例子，可能有两个程序员共同开发一个程序项目，他们分别开发的代码都没有问题，安全性很好，但整合在一起则可能出现安全漏洞。

很现实地讲，软件总是有漏洞的，这种事每天都在发生。安全漏洞只是众多漏洞中的一种。加强员工的培训确实可以在一定程度上改进代码的质量，但需要注意，任何人都会犯错误，漏洞无法彻底避免。有些漏洞可能要经过许多年后才会被发现。

5. 我们每年会对 Web 网站进行安全评估，所以很安全

一般而言，网站应用程序的代码变动很快。对 Web 网站进行一年一度的安全评估非常必要，但评估时的情况可能与当前情况有很大不同。网站应用程序只要有任何改动，都会出现安全问题的隐患。

网站喜欢选在节假日对应用程序进行升级，圣诞节就是其很典型的一个旺季。网站往往会增加许多新功能，但却忽略了安全上的考虑。如果网站不加新功能，又会对经营业绩产生影响。网站应该在程序开发的各个阶段都安排专业的安全人员。网站的安全非常重要，如果自己的网站中存在需要授权才能访问的内容，保护好这些内容是自己的责任，使用安全的数据库技术、对关键数据进行加密、过滤用户上传的数据是保证网站安全的重要途径。

网站安全性应遵从以下规则。

（1）使用安全的数据库技术。目前主流的数据库技术包括 MS SQL Server、Oracle、IBM DB2、MySQL、PostgreSQL，其中 MySQL 和 PostgreSQL 属于开源数据库，其他 3 种数据库根据不同许可方式有不同的价格。考虑到安全，它们都是非常安全的数据库技术，需要注意的是，在此并不建议采用 Access，首先 Access 是一种桌面数据库，并不适合可能面临海量访问的企业网站；其次，Access 是一种非常不安全的网站数据库，如果 Access 数据库文件的路径被他人获取，就很容易将这个数据库文件下载下来并看到数据库内的一切内容，包括需要授权才能看到的内容。如果选择 Access 的原因是因为它免费，那么需要知道 MSDE 也是免费的。

（2）用户密码或其他机密数据必须用成熟加密技术加密后再存放到数据库。使用明文在数据库中存储用户密码、信用卡号等数据是非常危险的，即使使用的是非常安全的数据库技术，也仍然要非常谨慎，任何机密数据都应该加密存储，这样即使数据库被攻破，那些重要的机密数据仍然是安全的。

（3）密码或其他机密数据必须用成熟加密技术加密后才能通过表单传递。如果自己的网站没有使用 HTTPS 加密技术，那网站服务器和访问客户之间的所有数据都是以明文传输的，这些数据很容易在交换机和路由器节点的位置被截获，如果无法部署 HTTPS，将所有机密数据加密后再通过网络传播是非常有效的办法。

（4）密码或其他机密数据必须用成熟加密技术加密后才能写入 Cookie。很多网站将用户账户信息写到 Cookie 中，以便用户下次访问时可以直接登录。如果用户账户信息未经加密直接写到 Cookie 中，这些数据很容易通过查看 Cookie 文件获得，尤其当自己的用户是和别人共用计算机的时候。对于访问者提交的任何数据，都要进行恶意代码检查。虽然要信任用户，但在网络中，必须假设所有用户都是危险的，如果不对他们提交的数据进行检查，就

可能出现 SQL Injection（SQL 注入）、Cross Site Scripting（CSS，跨站脚本攻击）等安全问题。

（5）网站必须有安全备份和恢复机制。任何网站都可能发生硬件或软件灾难，导致自己的网站丢失数据，必须根据自己的网站的规模和更新周期，定期对网站进行安全备份，在灾难性事故发生以后，自己的备份恢复机制需要在很短的时间内将整个网站恢复。需要注意的是，一定要对自己的备份恢复机制进行测试，保证备份数据是正确的。

（6）网站的错误信息必须经过处理后再输出。错误消息常常包含非常可怕的技术细节，帮助黑客攻破网站，应当对网站底层程序的错误消息进行处理，防止那些调试信息、技术细节暴露给普通访问者。

10.1.1　网站的安全漏洞

一个网站，安全问题可能从多方面而来。任何一方面都不可能保证绝对的安全。一个安全的网站，必须要各方面配合才能打造出来。

首当其冲的是服务器的安全，服务器本身如果被入侵了，网站系统再安全也没有任何作用。

其次是 FTP 或者远程管理等的账号安全，如果人家破解了用户的 FTP 或者远程管理权限，那也就等于窗户开给人家爬，那家里的东西自然是随便拿了。

上述涉及系统管理的问题，这里重点讲述第三方面：脚本安全。脚本指在网站上的 ASP、JSP、CGI 等服务器端运行的脚本代码，如动易系统、动网论坛都属此类。最主要最集中的脚本代码的安全问题出在两个方面：SQL 注入和 FSO 权限。

互动网站大多有数据库，ASP 代码通过 SQL 语句对数据库进行管理，而 SQL 语句中的一些变量是通过用户提交的表单获取的，如果对表单提交的数据没有做好过滤，攻击者就可以通过构造一些特殊的 URL 提交给自己的系统，或者在表单中提交特别构造的字符串，造成 SQL 语句没有按预期的目的执行。

经常有网友在动易论坛提交一些扫描报告，说动易有 SQL 注入漏洞。像动易这么复杂的系统，不能说开发人员不会遗漏一两个表单数据的检验和过滤。如果的确存在这种疏忽，而攻击者又通过源代码看到了，那么网站肯定是抵御不了这样的攻击的。在早期的动易系统中，曾经有过这样的漏洞。

到了动易的新版本，开发团队在防止 SQL 注入方面下了很大的工夫，几乎所有通过表单提交的数据，分字符型和数字型，都分别用一个专门的函数进行处理。只要提交的数据包含非法字符，或者被替换为安全字符，或者提交的数据被替换为默认值。为了保证程序具有较好的容错性，并没有对所有含有非法字符串的数据提交都以报错回应。例如当用户访问 ShowSource.asp 这个网页，提交 ChannelID=%3D 这样的数据，系统就会将其修改为 ChannelID=0，这是安全的数据，但是不会显示"您所提交的数据非法"这样的提示。对于访问者而言，这是没有必要的。

除此之外，动易系统的重要代码都封装在 DLL 组件中，由于源码不公开，因此比公开源码的系统在安全性上高了很多。也就是因为这样的原因，一些漏洞扫描器就以为提交的 ChannelID=%3D 被执行了，于是告诉用户 ShowSource.asp?ChannelID=%3D 存在高危漏洞。

大家如果遇到扫描器报告有高危漏洞的，可以联系开发人员确认。经过开发人员确认不存在，那就肯定不存在。即使扫描器报告说有，也不用担心。攻击者是没有办法利用这个漏洞的。

除了 SQL 注入，还有一个更严重的安全问题——上传木马。

由于上传组件（通常 ASP 开发者都使用一个或多个第三方开发的上传组件或者 ASP 类）、站长的错误设置（允许上传 asp 或者 html 等类型的文件），或者其他存在的上传漏洞，都可能存在被攻击者上传木马的可能性。一旦上传了木马，攻击者就获得了站长的权限，甚至超过站长的权限（对整个服务器构成安全威胁）。

这几年来，包括动网、动力、动易在内的 ASP 系统，都曾经出现过上传漏洞的问题（譬如 2009 年的 upload.inc 上传.cer 等类型文件的漏洞）。但是为什么每次发现这种大规模存在的漏洞之后，都只有一部分网站被黑呢？当然不是攻击者手软或者良心发现，而是一些网站通过服务器设置，防止了这些漏洞导致的损失。

举个例子，如图 10.1 所示，给各个不必要的目录去掉"执行"权限，改为"无"，也就是这个目录下的文件只能读取，不能运行。如动网论坛除了根目录以外，其他所有目录都只给读取权限即可，关闭执行权限；动易系统给动易根目录、各个频道的根目录以及 User、Reg 这些含有 ASP 网页并且 ASP 要从浏览器访问的目录执行权限即可，其他都可以设置为"无"。尤其是上传目录，如 UploadFiles 这样的目录，还有图片目录，一定要设置为只读。

这样设置以后，即使攻击者找到了上传漏洞，把 ASP 木马上传到了 UploadFiles 目录，他也不能利用那个木马做什么。

如果服务器采用 NTFS 文件系统，那么给网站文件所在的目录设置好权限也很重要。网站所在目录，只要给 IUSR_自己机器名的这个用户开放了读、写权限，就能正常运行。不要给 EveryOne\Guest 这样的用户赋予完全权限，非 Web 目录应该禁止给 IUSR_机器名这样的用户赋予权限，这样可以避免上传的 ASP 木马给服务器造成严重的安全问题。

另外，在 IIS 的应用程序配置中，删除不需要的程序映射，也是避免因为过滤不够而被攻击者上传了某些特殊类型的木马进行攻击的办法，如图 10.2 所示。

图 10.1　IIS 中的执行权限　　　　　　　图 10.2　应用程序的相关配置

　　自己作为管理服务器的站长，可以多查阅一些关于 NTFS 权限管理、IIS 权限管理的资料。

　　随着信息技术的发展，网络应用越来越广泛，很多企业单位都依靠网站来运营，正因为业务的不断提升和应用，致使网站的安全性显得越来越重要。另外，网络上的黑客也越来越多，而且在利益驱使下，很多黑客对网站发起攻击，并以此牟利。作为网站的管理人员，应该在黑客入侵之前发现网站的安全问题，使网站能更好地发挥作用。那么究竟如何检查网站的安全隐患和漏洞呢？

　　下面介绍一款开放源代码的 Web 漏洞扫描软件，网站管理员可以用它对 Web 站点进行安全审计，尽早发现网站中存在的安全漏洞。

　　Nikto 是一款开放源代码的、功能强大的、能对 Web 服务器多种安全项目进行测试的扫描软件。能在 230 多种服务器上扫描出 2600 多种有潜在危险的文件、CGI 及其他问题，它可以扫描指定主机的 Web 类型、主机名、特定目录、Cookie、特定 CGI 漏洞、返回主机允许的 http 模式等。它也使用 LibWhiske 库，但通常比 Whisker 更新、更为频繁。Nikto 是网管安全人员必备的 Web 审计工具之一。

　　Nikto 最新版本为 2.0 版，官方下载网址为 http://www.cirt.net/。

　　Nikto 是基于 Perl 开发的程序，需要 Perl 环境。Nikto 支持 Windows（使用 ActiveState Perl 环境）、Mac OSX、多种 Linux 或 UNIX 系统。Nikto 使用 SSL 需要 Net::SSLeay Perl 模式，则必须在 UNIX 平台上安装 OpenSSL。具体可以参考 Nikto 的帮助文档。

　　从官方网站上下载 nikto-current.tar.gz 文件，在 Linux 系统下解压缩以下内容：

tar -xvf nikto-current.tar.gz

gzip -d nikto-current.tar

解压缩后的结果如下：

Config.txt，docs，kbase，nikto.pl，plugins，templates

Nikto 的使用说明：Nikto 扫描需要主机目标 IP、主机端口。默认扫描的是 80 端口。

扫描主机目标 IP 地址可以使用选项-h（host）。下面将扫描 IP 为 192.168.0.1 的 TCP 80 端口：

perl nkito.pl –h 192.168.0.1

　　也可以自定义扫描的端口，可以使用选项-p（port），下面将扫描 IP 为 192.168.0.1 的 TCP 443 端口：

perl nikto.pl –h 192.168.0.1 –p 443

　　Nikto 也可以同时扫描多个端口，使用选项-p（port），可以扫描一段范围（如 80~90），也可以扫描多个端口（如 80，88，90）。下面将扫描主机的 80/88/443 端口：

Perl nikto.pl –h 192.168.0.1 –p 80，88，443

　　如果运行 Nikto 的主机是通过 HTTP proxy 来访问互联网的，也可以使用代理来扫描，使用选项-u（useproxy）。下面将通过 HTTP proxy 来扫描：

Perl nikto.ph –h 192.168.0.1 –p 80 –u

Nikto 的更新：Nikto 的升级可以通过-update 命令来更新插件和数据库，如下所示。

Perl nikto.ph –update

也可以通过从网站下载的方法来更新插件和数据库 http://updates.cirt.net/。

Nikto 的选项说明如下：

（1）cgidirs 扫描 CGI 目录。

（2）config 使用指定的 config 文件来替代安装在本地的 config.txt 文件。

（3）dbcheck 选择语法错误的扫描数据库。

（4）evasion 使用 LibWhisker 中对 IDS 的躲避技术，可使用以下几种类型。

☑ 随机 URL 编码（非 UTF-8 方式）。

☑ 自选择路径（/./）。

☑ 虚假的请求结束。

☑ 长的 URL 请求。

☑ 参数隐藏。

☑ 使用 Tab 作为命令的分隔符。

☑ 大小写敏感。

☑ 使用 Windows 路径分隔符\替换/。

☑ 会话重组。

（5）findonly 仅用来发现 HTTP 和 HTTPS 端口，而不执行检测规则。

（6）format 指定检测报告输出文件的格式，默认是 txt 文件格式（csv/txt/htm）。

（7）host 目标主机，主机名、IP 地址、主机列表文件。

（8）ID 和密码对于授权的 HTTP 认证。格式为 id:password。

（9）mutate 变化猜测技术：

☑ 使用所有的 root 目录测试所有文件。

☑ 猜测密码文件名字。

☑ 列举 Apache 的用户名字（/~user）。

☑ 列举 cgiwrap 的用户名字（/cgi-bin/cgiwrap/~user）。

（10）nolookup 不执行主机名查找。

（11）output 报告输出指定地点。

（12）port 扫描端口指定，默认为 80 端口。

（13）pause 指明每次操作之间的延迟时间。

（14）display 控制 Nikto 输出的显示。

☑ 1——直接显示信息。

☑ 2——显示的 Cookies 信息。

☑ 3——显示所有 200（OK）SIP 协议的反应。

☑ 4——显示认证请求的 URLs。

☑ 5——Debug 输出。

（15）ssl 强制在端口上使用 SSL 模式。

（16）single 执行单个对目标服务的请求操作。

（17）timeout 指明每个请求的超时时间，默认为 10s。

（18）tuning 选项控制 Nikto 使用不同的方式来扫描目标：

- ☑ 0——文件上传。
- ☑ 1——日志文件。
- ☑ 2——默认的文件。
- ☑ 3——信息泄漏。
- ☑ 4——注射（XSS/Script/HTML）。
- ☑ 5——远程文件检索（Web 目录中）。
- ☑ 6——拒绝服务。
- ☑ 7——远程文件检索（服务器）。
- ☑ 8——代码执行—远程 shell。
- ☑ 9——SQL 注入。
- ☑ a——认证绕过。
- ☑ b——软件关联。
- ☑ g——属性（不要依赖 banner 的信息）。
- ☑ x——反向连接选项。

（19）useproxy 使用指定代理扫描。

（20）update 更新插件和数据库。

例如，使用 Nikto 扫描目标主机 10.0.0.12 的 Phpwind 论坛网站：

```
Perl nikto.pl –h 10.0.0.12 –o test.txt
```

查看 test.txt 文件，如图 10.3 所示。

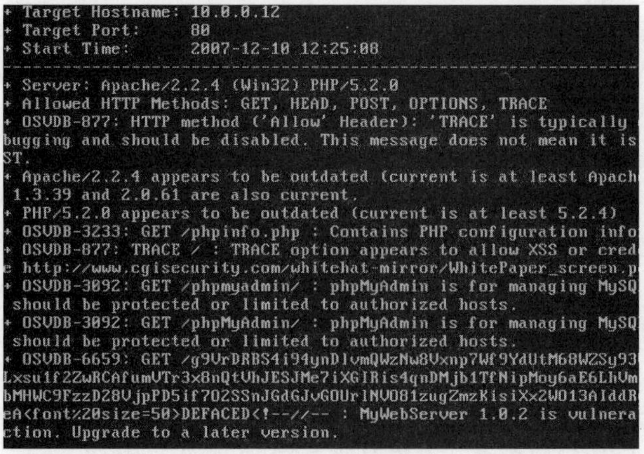

```
+ Target Hostname: 10.0.0.12
+ Target Port:     80
+ Start Time:      2007-12-10 12:25:08
---------------------------------------------------------------------------
+ Server: Apache/2.2.4 (Win32) PHP/5.2.0
+ Allowed HTTP Methods: GET, HEAD, POST, OPTIONS, TRACE
+ OSVDB-877: HTTP method ('Allow' Header): 'TRACE' is typically
bugging and should be disabled. This message does not mean it is
ST.
+ Apache/2.2.4 appears to be outdated (current is at least Apach
 1.3.39 and 2.0.61 are also current.
+ PHP/5.2.0 appears to be outdated (current is at least 5.2.4)
+ OSVDB-3233: GET /phpinfo.php : Contains PHP configuration info
+ OSVDB-877: TRACE / : TRACE option appears to allow XSS or cred
e http://www.cgisecurity.com/whitehat-mirror/WhitePaper_screen.p
+ OSVDB-3092: GET /phpmyadmin/ : phpMyAdmin is for managing MySQ
 should be protected or limited to authorized hosts.
+ OSVDB-3092: GET /phpMyAdmin/ : phpMyAdmin is for managing MySQ
 should be protected or limited to authorized hosts.
+ OSVDB-6659: GET /g9VrDRBS4i94ynDlvmQWzNw8Vxnp7Wf9YdUtM68WZSy93
Lxsu1f2ZwRCAfumVTr3x8nQtVhJESJMe7iXGIRis4qnDMjb1TfNipMoy6aE6LhVm
bMHWC9FzzDZ8VjpPD5if7O2SSnJGdGJvGOUr1NVO81zugZmzKisiXx2WO13AIddR
eA<font%20size=50>DEFACED<!--//-- : MyWebServer 1.0.2 is vulnera
ction. Upgrade to a later version.
```

图 10.3　文件的查看

通过上面的扫描结果可以发现，Phpwind 论坛网站是在 Windows 操作系统下，使用 Apache 2.2.4 版本，PHP 5.2.0 版本，以及系统默认的配置文件和路径等。

综上所述，Nikto 工具可以帮助对 Web 的安全进行审计，及时发现网站存在的安全漏洞，对网站的安全做进一步的扫描评估。

10.1.2　网站攻击类型

随着网络的逐渐普及，近年来越来越多的中小企业建立了自己的网站。然而，由于资金、技术等原因，不少中小企业网站存在安全隐患，这就给黑客留下了可乘之机。一些中小企业网站被黑客植入了木马，自己却还蒙在鼓里，少数嚣张的黑客甚至直接篡改网页，或是增加非法链接，更有甚者，利用黑客技术明目张胆地敲诈中小企业。

浙江省计算机用户协会向记者透露，保守估计浙江省有 3/4 的中小企业网站存在安全隐患，不少中小企业网站都已经被黑客盯上，被黑克入侵的中小企业网站数量成逐年上升的趋势。相关专家呼吁，提高中小企业网站的安全性已刻不容缓。

目前的网络攻击模式呈现多方位、多手段化的特点，让人防不胜防。概括来说分四大类：服务拒绝攻击、利用型攻击、信息收集型攻击、假消息攻击。

1．服务拒绝攻击

服务拒绝攻击企图通过使别人的服务计算机崩溃或把它压垮来阻止其提供服务，服务拒绝攻击是最容易实施的攻击行为，主要包括以下几种。

（1）死亡之 ping（ping of death）

概览：由于在早期阶段，路由器对包的最大尺寸都有限制，许多操作系统对 TCP/IP 栈的实现在 ICMP 包上都是规定 64KB，并且在对包的标题头进行读取之后，要根据该标题头里包含的信息来为有效载荷生成缓冲区，当产生畸形的、声称自己的尺寸超过 ICMP 上限的包也就是加载的尺寸超过 64KB 上限时，就会出现内存分配错误，导致 TCP/IP 堆栈崩溃，致使接收方当机。

防御：现在所有的标准 TCP/IP 栈的实现都已能够对付超大尺寸的包，并且大多数防火墙能够自动过滤这些攻击，包括从 Windows 98 之后的 Windows NT（service pack 3 之后）、Linux、Solaris 和 Mac OS 都具有抵抗一般 ping of death 攻击的能力。此外，对防火墙进行配置，阻断 ICMP 以及任何未知协议，都将防止此类攻击。

（2）泪滴（teardrop）

概览：泪滴攻击利用那些在 TCP/IP 堆栈实现中信任 IP 碎片中的包的标题头所包含的信息来实现自己的攻击。IP 分段含有指示该分段所包含的是原包的哪一段的信息，某些 TCP/IP（包括 service pack 4 以前的 NT）在收到含有重叠偏移的伪造分段时将崩溃。

防御：服务器应用最新的服务包，或者在设置防火墙时对分段进行重组，而不是转发它们。

（3）UDP 洪水（UDP flood）

概览：各种各样的假冒攻击利用简单的 TCP/IP 服务，如 Chargen 和 Echo 来传送毫无用处的占满带宽的数据。通过伪造与某一主机的 Chargen 服务之间的一次 UDP 连接，回复地址指向开着 Echo 服务的一台主机，这样就生成在两台主机之间的足够多的无用数据流，如果数据流足够多，就会导致带宽的服务攻击。

防御：关掉不必要的 TCP/IP 服务，或者对防火墙进行配置，阻断来自 Internet 的请求这些服务的 UDP 请求。

（4）SYN 洪水（SYN flood）

概览：一些 TCP/IP 栈的实现只能等待从有限数量的计算机发来的 ACK 消息。因为它们只有有限的内存缓冲区用于创建连接，如果这一缓冲区充满了虚假连接的初始信息，该服务器就会对接下来的连接停止响应，直到缓冲区里的连接企图超时。在一些创建连接不受限制的实现中，SYN 洪水具有类似的影响。

防御：在防火墙上过滤来自同一主机的后续连接。

未来的 SYN 洪水令人担忧，由于释放洪水并不寻求响应，所以无法从一个简单高容量的传输中鉴别出来。

（5）Land 攻击

概览：在 Land 攻击中，一个特别打造的 SYN 包的源地址和目标地址都被设置成某一个服务器地址，此举将导致接收服务器向它自己的地址发送 SYN-ACK 消息，结果这个地址又发回 ACK 消息并创建一个空连接，每一个这样的连接都将保留直到超时。对于 Land 攻击，不同系统反应不同，许多 UNIX 系统将崩溃，NT 变得极其缓慢（大约持续 5min）。

防御：打最新的补丁，或者在防火墙进行配置，将那些在外部接口上入站的含有内部源地址的过滤掉（包括 10 域、127 域、192.168 域、172.16 到 172.31 域）。

（6）Smurf 攻击

概览：一个简单的 Smurf 攻击通过使用将回复地址设置成受害网络的广播地址的 ICMP 应答请求（ping）数据包来淹没受害主机的方式进行，最终导致该网络的所有主机都对此 ICMP 应答请求做出答复，导致网络阻塞，比 ping of death 洪水的流量高出一或两个数量级。更加复杂的 Smurf 将源地址改为第三方的受害者，最终导致第三方雪崩。

防御：为了防止黑客利用网络攻击他人，关闭外部路由器或防火墙的广播地址特性。为防止被攻击，在防火墙上设置规则，丢弃 ICMP 包。

（7）Fraggle 攻击

概览：Fraggle 攻击对 Smurf 攻击作了简单的修改，使用的是 UDP 应答消息而非 ICMP。

防御：在防火墙上过滤掉 UDP 应答消息。

（8）电子邮件炸弹

概览：电子邮件炸弹是最古老的匿名攻击之一，通过设置一台机器不断地、大量地向同一地址发送电子邮件，攻击者能够耗尽接收者网络的带宽。

防御：对邮件地址进行配置，自动删除来自同一主机的过量或重复的消息。

（9）畸形消息攻击

概览：各类操作系统上的许多服务都存在此类问题，由于这些服务在处理信息之前没有进行适当正确的错误校验，因此在收到畸形的信息时可能会崩溃。

防御：打最新的服务补丁。

2. 利用型攻击

利用型攻击是一类试图直接对他人的机器进行控制的攻击，最常见的有以下 3 种。

（1）口令猜测

概览：一旦黑客识别了一台主机而且发现了基于 NetBIOS、Telnet 或 NFS 这样的服务的可利用的用户账号，成功的口令猜测能提供对机器的控制。

防御：要选用难以猜测的口令，如词和标点符号的组合。确保像 NFS、NetBIOS 和 Telnet 这样可利用的服务不暴露在公共范围。如果该服务支持锁定策略，就进行锁定。

（2）特洛伊木马

概览：特洛伊木马是一种或是直接由一个黑客，或是通过一个不令人起疑的用户秘密安装到目标系统的程序。一旦安装成功并取得管理员权限，安装此程序的人就可以直接远程控制目标系统。

最有效的一种叫做后门程序，恶意程序包括 NetBus、BackOrifice 和 BO2k，用于控制系统的良性程序如 netcat、VNC、pcAnywhere。理想的后门程序透明运行。

防御：避免下载可疑程序并拒绝执行，运用网络扫描软件定期监视内部主机上的监听 TCP 服务。

（3）缓冲区溢出

概览：在很多服务程序中，有些程序员使用像 strcpy()、strcat()不进行有效位检查的函数，最终可能导致恶意用户编写一小段利用程序来进一步打开安全豁口，然后将该代码缀在缓冲区有效载荷末尾，当发生缓冲区溢出时，返回指针指向恶意代码，这样系统的控制权就会被夺取。

防御：利用 SafeLib、tripwire 这样的程序保护系统，或者浏览最新的安全公告不断更新操作系统。

3. 信息收集型攻击

信息收集型攻击并不对目标本身造成危害，顾名思义，这类攻击用来为进一步入侵提供有用的信息。主要包括扫描技术、体系结构探测和利用信息服务。

（1）扫描技术

① 地址扫描

概览：运用 ping 这样的程序探测目标地址，对此做出响应的表示其存在。

防御：在防火墙上过滤掉 ICMP 应答消息。

② 端口扫描

概览：通常使用一些软件，向大范围的主机连接一系列的 TCP 端口，扫描软件报告它成功地建立了连接的主机所开的端口。

防御：许多防火墙能检测到是否被扫描，并自动阻断扫描企图。

③ 反向映射

概览：黑客向主机发送虚假消息，然后根据返回 host unreachable 这一消息特征判断出哪些主机是存在的。目前由于正常的扫描活动容易被防火墙侦测到，黑客转而使用不会触发防火墙规则的常见消息类型，这些类型包括 RESET 消息、SYN-ACK 消息和 DNS 响应包。

防御：NAT 和非路由代理服务器能够自动抵御此类攻击，也可以在防火墙上过滤 host unreachable ICMP 应答。

④ 慢速扫描

概览：一般扫描侦测器的实现是通过监视某个时间帧里一台特定主机发起的连接的数

目（如每秒 10 次）来决定是否在被扫描，这样黑客可以通过使用扫描速度慢一些的扫描软件进行扫描。

防御：通过引诱服务来对慢速扫描进行侦测。

（2）体系结构探测

概览：黑客使用具有已知响应类型的数据库的自动工具，对来自目标主机的、对坏数据包传送所做出的响应进行检查。由于每种操作系统都有其独特的响应方法（例如，NT 和 Solaris 的 TCP/IP 堆栈具体实现有所不同），因此通过将此独特的响应与数据库中的已知响应进行对比，黑客经常能够确定出目标主机所运行的操作系统。

防御：去掉或修改各种 Banner，包括操作系统和各种应用服务的，阻断用于识别的端口，扰乱对方的攻击计划。

（3）利用信息服务

① DNS 域转换

概览：DNS 协议不对转换或信息性的更新进行身份认证，使得该协议被人以一些不同的方式加以利用。如果维护着一台公共的 DNS 服务器，黑客只需实施一次域转换操作就能得到所有主机的名称以及内部 IP 地址。

防御：在防火墙处过滤掉域转换请求。

② Finger 服务

概览：黑客使用 Finger 命令来刺探一台 Finger 服务器以获取关于该系统的用户的信息。

防御：关闭 Finger 服务并记录尝试连接该服务的对方 IP 地址，或者在防火墙上进行过滤。

③ LDAP 服务

概览：黑客使用 LDAP 协议窥探网络内部的系统及其用户的信息。

防御：对于刺探内部网络的 LDAP 进行阻断并记录，如果在公共机器上提供 LDAP 服务，那么应把 LDAP 服务器放入 DMZ。

4．假消息攻击

假消息攻击用于攻击目标配置不正确的消息，主要包括 DNS 高速缓存污染和伪造电子邮件。

（1）DNS 高速缓存污染

概览：由于 DNS 服务器与其他名称服务器交换信息的时候并不进行身份验证，这就使黑客可以将不正确的信息掺进来并把用户引向黑客自己的主机。

防御：在防火墙上过滤入站的 DNS 更新，外部 DNS 服务器不应更改别人的内部服务器对内部机器的认识。

（2）伪造电子邮件

概览：由于 SMTP 并不对邮件发送者的身份进行鉴定，因此黑客可以对自己的内部客户伪造电子邮件，声称是来自某个客户认识并相信的人，并附带上可安装的特洛伊木马程序，或者是一个引向恶意网站的链接。

防御：使用 PGP 等安全工具并安装电子邮件证书。

10.1.3 IIS 安全机制

IIS（Internet Information Server）作为当今流行的 Web 服务器之一，提供了强大的 Internet 和 Intranet 服务功能。如何加强 IIS 的安全机制，建立高安全性能的可靠的 Web 服务器，已成为网络管理的重要组成部分。

1. 以 Windows NT 的安全机制为基础

（1）应用 NTFS 文件系统。NTFS 文件系统可以对文件和目录进行管理，FAT 文件系统则只能提供共享级的安全，而 Windows NT 的安全机制是建立在 NTFS 文件系统之上的，可见在安装 Windows NT 时最好使用 NTFS 文件系统，否则将无法建立 NT 的安全机制。

（2）共享权限的修改。在系统默认情况下，每建立一个新的共享，Everyone 用户就享有"完全控制"的共享权限，可见，在建立新的共享后应该立即修改 Everyone 的默认权限。

（3）为系统管理员账号更名。域用户管理器虽可限制猜测口令的次数，但对系统管理员账号（Adminstrator）却无法限制，这就可能给非法用户攻击管理员账号口令带来机会，通过域用户管理器对管理员账号更名不失为一种好办法。具体设置方法如下：

选择"开始"→"程序"→启动"域用户管理器"→选中"管理员账号（Adminstrator）"→选择"用户"，单击"重命名"输入新名称后确定，实现对管理员账号的修改。

（4）取消 TCP/IP 上的 NetBIOS 绑定。NT 系统管理员可以通过构造目标站 NetBIOS 名与其 IP 地址之间的映像，对 Internet 或 Intranet 上的其他服务器进行管理，但非法用户也可从中找到可乘之机。如果这种远程管理不是必需的，就应该立即取消（通过网络属性的绑定选项，取消 NetBIOS 与 TCP/IP 之间的绑定）。

2. 设置 IIS 的安全机制

（1）安装时应注意的安全问题。

① 避免安装在主域控制器上。安装 IIS 之后，在安装的计算机上将生成 IUSR_Computername 匿名账户。该账户被添加到域用户组中，从而把应用于域用户组的访问权限提供给访问 Web 服务器的每个匿名用户，这不仅给 IIS 带来潜在危险，而且还可能威胁整个域资源的安全。为此要尽可能避免把 IIS 服务器安装在域控制器上，尤其是主域控制器上。

② 避免安装在系统分区上。把 IIS 安装在系统分区上，会使系统文件与 IIS 同样面临非法访问，容易使非法用户侵入系统分区，应该避免将 IIS 服务器安装在系统分区上。

（2）用户的安全性。

① 匿名用户访问权限的控制。安装 IIS 后产生的匿名用户 IUSR_Computername（密码随机产生），其匿名访问给 Web 服务器带来潜在的安全性问题，应对其权限加以控制。如无匿名访问需要，则可以取消 Web 的匿名访问服务。具体设置方法如下：

选择"开始"→"程序"→Microsoft Internet Server（公用）→"Internet 服务管理器"→双击 WWW 启动 WWW 服务属性页，取消对"匿名访问服务"的选中状态。

② 控制一般用户访问权限。可以通过使用数字与字母（包括大小写）结合的口令，使用长口令（一般应在 6 位以上），经常修改密码，封锁失败的登录尝试以及设定账户的有效

期等方法对一般用户账户进行管理。

（3）IIS 3 种形式认证的安全性。

① 匿名用户访问。允许任何人匿名访问，在这 3 种中安全性最低。

② 基本（Basic）认证。用户名和口令以明文方式在网络上传输，安全性能一般。

③ Windows NT 请求/响应方式。浏览器通过加密方式与 IIS 服务器进行交流，有效地防止了窃听者，是安全性比较高的认证形式（需 IE 3.0 以上版本支持）。

（4）访问权限控制。

① 设置文件夹和文件的访问权限。安放在 NTFS 文件系统上的文件夹和文件，一方面要对其权限加以控制，对不同的组和用户设置不同的权限；另外，还可以利用 NTFS 的审核功能对某些特定组的成员读、写文件等方面进行审核，通过监视"文件访问"、"用户对象的使用"等动作，来有效地发现非法用户进行非法活动的前兆，并及时加以预防和制止。具体设置方法如下：

选择"开始"→"程序"→启动"域用户管理器"→选择"规则"选项卡下的"审核"选项→设置"审核规则"。

② 设置 WWW 目录的访问权限。已经设置成 Web 目录的文件夹，可以通过做 Web 站点属性页实现对 WWW 目录访问权限的控制，而该目录下的所有文件和子文件夹都将继承这些安全机制。WWW 服务除了提供 NTFS 文件系统提供的权限外，还提供：读取权限——允许用户读取或下载 WWW 目录下的文件；执行权限——允许用户运行 WWW 目录下的程序和脚本。具体设置方法如下：

选择"开始"→"程序"→Microsoft Internet Server（公用）→"Internet 服务管理器"命令，启动 Microsoft Internet Service Manager，双击 WWW，启动 WWW 服务属性页，选择"目录"选项卡，选择需要编辑的 WWW 目录，再选择"编辑属性"中的"目录属性"进行设置。

（5）IP 地址的控制。IIS 可以设置允许或拒绝从特定 IP 发来的服务请求，有选择地允许特定节点的用户访问。可以通过设置来阻止指定 IP 地址外的网络用户访问自己的 Web 服务器。具体设置方法如下：

选择"开始"→"程序"→Microsoft Internet Server（公用）→"Internet 服务管理器"命令，启动 Microsoft Internet Service Manager，双击 WWW，启动 WWW 服务属性页，选择 Web 属性页中"高级"选项卡进行 IP 地址的控制设置。

（6）端口安全性的实现。对于 IIS 服务，无论是 WWW 站点、FTP 站点，还是 NNPT、SMPT 服务等都有各自侦听和接收浏览器请求的 TCP 端口号（Post），一般常用的端口号为：WWW 是 80，FTP 是 21，SMPT 是 25，可以通过修改端口号来提高 IIS 服务器的安全性。如果修改了端口设置，只有知道端口号的用户才可以访问，不过用户在访问时需要指定新端口号。

（7）IP 转发的安全性。IIS 服务可提供 IP 数据包的转发功能，此时，充当路由器角色的 IIS 服务器将会把从 Internet 接口收到的 IP 数据包转发到内部网中，禁用这一功能将提高 IIS 服务的安全性。具体设置方法如下：

选择"开始"→"程序"→Microsoft Internet Server（公用）→"Internet 服务管理器"

命令，启动 Microsoft Internet Service Manager，双击 WWW，启动 WWW 服务属性页，选择"协议"选项卡，在 TCP/IP 属性中去掉"路由选择"。

（8）SSL 安全机制。SSL（加密套接字协议层）位于 HTPT 层和 TCP 层之间，建立用户与服务器之间的加密通信，确保信息传递的安全性。SSL 是工作在公共密钥和私人密钥基础上的。任何用户都可以获得公共密钥来加密数据，但解密数据必须要通过相应的私人密钥。使用 SSL 安全机制时，首先客户端与服务器建立连接，服务器把它的数字证书与公共密钥一并发送给客户端，客户端随机生成会话密钥，用从服务器端得到的公共密钥对会话密钥进行加密，并把会话密钥通过网络传递给服务器，而会话密钥只有在服务器端用私人密钥才能解密，这样，客户端和服务器端就建立了一个唯一的安全通道。具体设置方法如下：

选择"开始"→"程序"→Microsoft Internet Server（公用）→"Internet 服务管理器"命令，启动 Microsoft Internet Service Manager，双击 WWW，启动 WWW 服务属性页，选择"目录安全性"选项卡，单击"密钥管理器"按钮通过密钥管理器生成密钥文件和请求文件。从身份认证权限中申请一个证书，然后通过密钥管理器在服务器上安装证书即可激活 Web 站点的 SSL 安全性。

建立了 SSL 安全机制后，只有 SSL 允许的客户才能与 SSL 允许的 Web 站点进行通信，并且在使用 URL 资源定位器时，注意输入的是 https://，而不是 http://。

SSL 安全机制的实现，将增加系统开销，增加服务器 CPU 的额外负担，从而会在一定程度上降低系统性能。作者建议在规划网络时，仅考虑为高敏感度的 Web 目录使用 SSL 安全机制。另外，SSL 客户端在 IE 3.0 及以上版本中才能使用。

10.2 身份验证安全管理

10.2.1 IIS 身份验证

在 Windows Server 2003 中可以对 IIS 进行配置，以便在用户访问网站、站点中的某个文件夹甚至该站点某个文件夹中包含的特定文档之前对用户进行身份验证。IIS 中的身份验证可用于提高不允许普通用户查看的站点、文件夹和文档的安全级别。

如果不打算让匿名用户或普通用户访问资源，而经过批准的用户必须能够通过 Internet 访问 Web 服务器，则 IIS 中的身份验证至关重要。需要身份验证访问控制的网站应用程序示例包括 Microsoft Outlook Web Access（OWA）和 Microsoft 终端服务高级客户端。

配置 IIS 中的身份验证的步骤如下：

（1）启动"IIS 管理器"或者打开 IIS 管理单元。

（2）展开 Server_name，其中 Server_name 是服务器的名称，然后展开网站。

（3）在控制台树中，右击要配置身份验证的网站、虚拟目录或文件，然后在弹出的快捷菜单中选择"属性"命令。

（4）选择"目录安全性"选项卡（根据实际权限的需要），然后在"匿名和访问控制"

下单击"编辑"按钮。

（5）打开"身份验证方法"对话框，选中要使用的一种或多种身份验证方法旁边的复选框，然后单击"确定"按钮。

默认设置的身份验证方法是匿名访问和集成 Windows 身份验证。

① 匿名访问。如果启用了匿名访问，访问站点时，不要求提供经过身份验证的用户凭据。当需要让大家公开访问那些没有安全要求的信息时，使用此选项最合适。用户尝试连接网站时，IIS 会将该连接分配给 IUSER_ComputerName 账户，其中 ComputerName 是运行 IIS 的服务器的名称。默认情况下，IUSER_ComputerName 账户为 Guests 组的成员。此组具有 NTFS 文件系统权限所规定的安全限制，这些限制指定访问级别以及可提供给公共用户的内容的类型。要修改正在使用的匿名 Windows 账户，请在"匿名访问"框中单击浏览以重新选择用户。

说明

> 如果启用匿名访问，IIS 会始终先使用匿名身份验证来尝试验证用户身份，即使启用其他身份验证方法也是如此。

② 集成 Windows 身份验证。又称为 NTLM 或 Windows NT 质询/响应身份验证，此方法以 Kerberos 票证的形式通过网络向用户发送身份验证信息，并提供较高的安全级别。Windows 集成身份验证使用 Kerberos 5 版本和 NTLM 身份验证。要使用此方法，客户端必须使用 Microsoft Internet Explorer 2.0 或更高版本。另外，不支持通过 HTTP 代理连接进行 Windows 集成身份验证。如果某个 Intranet 中的用户和 Web 服务器计算机在同一个域中，并且管理员可以确保每个用户都使用 Internet Explorer 2.0 或更高版本，那么对于这个 Intranet，使用此选项是最合适的。

注意

> 如果选择了多个身份验证选项，IIS 会首先尝试协商最安全的方法，然后它按可用身份验证协议的列表向下逐个试用其他协议，直到找到客户端和服务器都支持的某种共有的身份验证协议。

其他身份验证方法如下：

① Windows 域服务器的摘要式身份验证。需要用户 ID 和密码，可提供中等的安全级别，如果想要允许从公共网络访问安全信息，则可以使用这种方法。这种方法与基本身份验证提供的功能相同。但是，此方法会将用户凭据作为 MD5 哈希或消息摘要在网络中进行传输，这样就无法根据哈希对原始用户名和密码进行解码。要使用此方法，客户端必须使用 Microsoft Internet Explorer 5.0 或更高版本，Web 客户端和 Web 服务器必须是相同域的成员或者被相同域信任。

用户必须将有效的 Windows 用户账户存储在域控制器上的 Active Directory®中。域必须拥有运行 Windows 2000 或更高版本的域控制器。如果域控制器位于运行 Windows 2000 的计算机上，则 IIS 6.0 需要使用子验证以使摘要式身份验证能够正常工作。如果服务器在工作进程隔离模式下运行，则必须以 LocalSystem 账户的身份运行。

② 基本身份验证（以明文形式发送密码）。需要用户 ID 和密码，用户名和密码以明文形式在网络中发送。这种形式提供的安全级别很低，几乎所有协议分析程序都能读取密码。但是，它与大多数 Web 客户端兼容。如果允许用户访问的信息没有什么隐私性或不需要保护，使用此选项最为合适。

如果启用基本身份验证，请在"默认域"文本框中输入要使用的域名。还可以选择在领域框中输入一个值。

③ Microsoft .NET Passport 身份验证。提供了单一登录安全性，为用户提供对 Internet 上各种服务的访问权限。如果选择此选项，对 IIS 的请求必须在查询字符串或 Cookie 中包含有效的.NET Passport 凭据。如果 IIS 不检测.NET Passport 凭据，请求就会被重定向到.NET Passport 登录页。

 注意

> 如果选择此选项，所有其他身份验证方法都将不可用（显示为灰色）。

（6）另一种类型的身份验证是基于发出请求的主机而不是用户凭据。可以根据源 IP 地址、源网络 ID 或源域名来限制访问。要配置这种身份验证，请按下列步骤操作。

① 在"IP 地址和域名限制"下单击"编辑"按钮。

② 执行下列操作之一：

☑ 要拒绝访问，选中"授权访问"单选按钮，然后单击"添加"按钮。在打开的"拒绝访问"对话框中指定所需的选项，然后单击"确定"按钮。指定的计算机、计算机组或域将添加到列表中。

☑ 要授予访问权限，选中"拒绝访问"单选按钮，然后单击"添加"按钮。在打开的"授权访问"对话框中选择所需的选项，然后单击"确定"按钮。选择的计算机、计算机组或域将添加到列表中。

③ 单击"确定"按钮。

（7）单击"确定"按钮，然后退出"IIS 管理器"或关闭 IIS 管理单元。

10.2.2 配置匿名访问

配置匿名访问方式不验证访问用户的身份，客户端不需要提供任何身份验证的凭据，服务器端把这样的访问作为匿名的访问，并把这样的访问用户都映射到一个服务器端的账户，一般为 IUSER_MACHINE 这个用户，可以修改映射到的用户，修改方式如图 10.4 所示。

图 10.4 匿名访问方式的用户的修改

10.2.3　配置基本验证

配置基本验证方式完全是把用户名和密码用明文（经过 base64 编码，但是 base64 编码不是加密的，经过转换就能转换成原始的明文）传送到服务器端验证。服务器直接验证服务器本地是否有用户跟客户端提供的用户名和密码相匹配，如果有则通过验证。

10.2.4　集成 Windows 验证

1．NTLM 验证

NTLM 验证方式需要把用户的用户名和密码传送到服务器端，服务器端验证用户名和密码是否和服务器的此用户的密码一致。用户名用明码传送，但是密码经过处理后派生出一个 8 字节的 key 加密质询码后传送。

2．Kerberos 验证

Kerberos 验证方式只把客户端访问 IIS 的验证票发送到 IIS 服务器，IIS 收到这个票据就能确定客户端的身份，不需要传送用户的密码。需要 Kerberos 验证的用户一定是域用户。

每一个登录用户在登录被验证后都会被域中的验证服务器生成一个票据授权票（TGT）作为这个用户访问其他服务所要验证票的凭证（这是为了实现一次登录就能访问域中所有需要验证的资源的所谓单点登录 SSO 功能），而访问 IIS 服务器的验证票是通过此用户的票据授权票（TGT）向 IIS 获取的。之后此客户访问此 IIS 都使用这个验证票。同样访问其他需要验证的服务也是凭这个 TGT 获取该服务的验证票。

10.3　访问控制安全管理

10.3.1　访问控制工作原理

下面是 Kerberos 比较详细的原理。

工作站端运行着一个票据授权的服务，叫 Kinit，专门用作工作站同认证服务器 Kerberos 间的身份认证的服务。

（1）用户开始登录，输入用户名，验证服务器收到用户名，在用户数据库中查找这个用户，结果发现了这个用户。

（2）验证服务器生成一个验证服务器跟这个登录用户之间共享的一个会话口令（Session key），这个口令只有验证服务器与这个登录用户之间使用，用作相互验证对方。同时验证服务器给这个登录用户生成一张票据授权票（ticket-granting ticket），工作站以后就可以凭这个票据授权票来向验证服务器请求其他票据，而不用再次验证自己的身份了。验证服务器把｛Session key+ticket-granting ticket｝用登录用户的口令加密后发回到工作站。

（3）工作站用自己的口令解密验证服务器返回的数据包，如果解密正确则验证成功。

解密后能够获得登录用户与验证服务器共享的 Session key 和一张 ticket-granting ticket。

到此，登录用户没有在网络上发送口令，通过验证服务器使用用户口令加密验证授权票的方法验证了用户，用户与验证服务器之间建立了关系，在工作站上也保存相应的身份证明，以后要是用网络中的其他服务，可以通过这个身份证明向验证服务器申请相应服务器的服务票，来获得相应服务身份验证。

（4）如果用户第一次访问 IIS 服务器，工作站的 Kinit 查看本机上没有访问 IIS 服务器的验证票，于是 Kinit 会向验证服务器发出请求，请求访问 IIS 服务的验证票。Kinit 先要生成一个验证器。验证器是这样的：｛用户名：工作站地址｝用于验证服务器间的 Session key 加密。Kinit 将验证器、票据授权票、用户的名字、用户的工作站地址、IIS 服务名字发送给验证服务器，验证服务器验证授权票真实有效，然后用与你共享的 Session key 解开验证器，获取其中的用户名和地址，与发送这个请求的用户和地址比较，如果相符，说明验证通过，这个请求合法。

（5）验证服务器先生成这个用户与 IIS 服务器之间的 Session key 会话口令，之后根据用户请求生成 IIS 服务器的验证票，该验证票是｛会话口令：用户名：用户机器地址：服务名：有效期：时间戳｝，这个验证票用 IIS 服务器的密码（验证服务器知道所有授权服务的密码）进行加密形成最终的验证票。最后，验证服务器｛会话口令+加好密的验证票｝用用户口令加密后发送给用户。

（6）工作站收到验证服务器返回的数据包，用自己的口令解密，获得与 IIS 服务器间的 Session key 和 IIS 服务器的验证票。

（7）工作站 Kinit 同样要生成一个验证器，验证器是这样的：｛用户名：工作站地址｝，用于 IIS 服务器间的 Session key 加密。将验证器和 IIS 验证票一起发送到 IIS 服务器。

（8）IIS 服务器先用自己的服务器密码解开 IIS 验证票，如果解密成功，说明此验证票真实有效，然后查看此验证票是否在有效期内，如果在有效期内，用验证票中带的会话口令去解密验证器，获得其中的用户名和工作站地址。如果与验证票中的用户名和地址相符则说明发送此验证票的用户就是验证票的所有者，从而验证本次请求有效。

10.3.2　IP 地址和域名限制

1. IP 地址和域名访问控制

IP 地址和域名访问控制方式源于对特定 IP 地址或域名的不信任，鉴于网站管理员通常会认为来自某些 IP 地址的用户带有明显的攻击倾向（通过对日志文件的分析可以得到这一结论），或者网站管理员希望仅有来自特定 IP 地址或域名的用户才能够访问网站（对于仅供内部使用的网站尤其如此）。这些限制能力都依赖于 IP 地址和域名访问控制功能。

按照如下步骤配置 Web 服务器限制来自特定 IP 地址的用户对站点的访问：

（1）在 IIS 中右击需要配置 IP 地址限制的网站，在弹出的快捷菜单中选择"属性"命令。

（2）在站点的 WWW 属性表单中选择"目录安全性"选项卡，如图 10.5 所示。

（3）在"IP 地址和域名限制"选项区域中单击"编辑"按钮，打开如图 10.6 所示的"IP 地址和域名限制"对话框。

说明

　　IP 地址限制的方式有授权访问和拒绝访问两种。如果需要限制来自某些地址的用户对网站进行访问（没有被限制的用户可以进行正常访问），就使用前者；如果希望仅允许来自某些地址的用户能够访问网站内容（其他用户不能访问），则使用后者。下面以前一种方式为例进行限制。

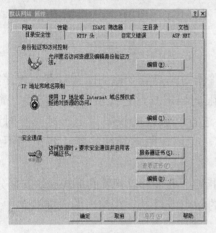

图 10.5　目录安全性

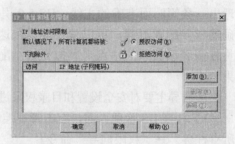

图 10.6　"IP 地址和域名限制"对话框

　　（4）选中"授权访问"单选按钮，随后可以指定例外地址，这些例外地址就是被限制不能访问站点的 IP。

　　（5）单击"添加"按钮打开"拒绝访问"对话框指定例外地址，如图 10.7 所示。

　　（6）在"类型"选项区域中选中"一台计算机"单选按钮，指定被限制访问的用户来自某一个 IP 地址。

　　（7）在"IP 地址"文本框中输入受限的 IP 地址。

　　（8）单击"确定"按钮加入。重复步骤（7）可以添加多个例外地址，它们在"例外"列表中列出。

　　（9）若在"拒绝访问"对话框中选中"一组计算机"单选按钮，可以指定一组例外地址，如图 10.8 所示。

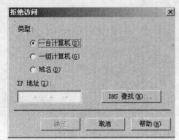

图 10.7　添加拒绝访问控制

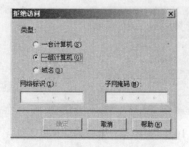

图 10.8　拒绝一组计算机访问

　　（10）一组例外计算机由网络地址和子网掩码共同确定，分别在"网络标识"和"子

网站建设与管理

网掩码"文本框中输入其值。

（11）单击"确定"按钮加入。重复步骤（10）可以添加多组例外地址。

（12）另一种访问控制方式是根据用户来自的域进行控制，如图 10.9 所示。

注意

> 在使用域名限制方式进行访问控制时，往往需要进行反向 DNS 解析，将试图访问服务器的用户 IP 地址送到 DNS 服务器进行反向查询以得到其域名。这一操作将极大地耗费系统资源，尤其是宝贵的带宽资源，除非万不得已，否则不要使用域名限制方式。

2. 使用权限向导

权限向导是 IIS 5.0 新引入的权限管理工具。鉴于对站点安全性的配置复杂而无序，较难理出一条简明而准确的主线，IIS 5.0 引入了权限向导工具，它提供了一个连续、简单、准确的权限配置流程，可以使管理员快速对站点进行一般性的权限设定。尤其是对涉及大量权限继承关系的站点（虚拟）目录配置工作，运用权限向导往往能达到意想不到的效果。

权限向导主要对安全设置和目录权限进行快速指定，并能够以摘要的形式提供安全分析。

（1）打开 IIS 管理界面，右击管理控制树中的站点或目录，在弹出的快捷菜单中选择"所有任务"→"权限向导"命令。

（2）在弹出的"权限向导"对话框中单击"下一步"按钮。

（3）权限向导进入如图 10.10 所示的"安全设置"界面，这里可以设置当前对象（站点或目录）是否继承其上一级对象（计算机、站点、父目录）的安全设置。如果选中"继承所有的安全设置"单选按钮，那么在单击"下一步"按钮之后，向导将自动进入目录权限设置界面（步骤（5）），与此同时，当前对象的安全设置自动按照其父对象的设置做出调整。为了在普遍意义上说明问题，这里选中"请从模板选取新的安全设置"单选按钮，然后单击"下一步"按钮。

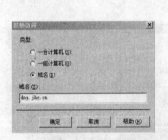

图 10.9　拒绝某一个域的计算机

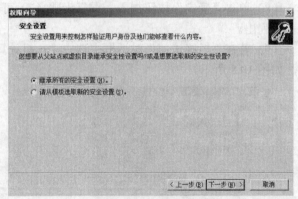

图 10.10　权限向导设置

（4）在打开的"站点方案"界面中可供选择的方案有两个，即 Public Web Site 和 Secure Web Site，顾名思义，后者的安全性更高一些。一般 Public Web Site 方案允许所有用户浏览静态和动态的内容；而 Secure Web Site 方案则仅允许所有具有 Windows 2000 账号的用户查看动态和静态的内容。这两种设置是与前面讨论过的匿名访问和授权访问站点对应的，它们分别运用于典型的公共站点和专用（内部）站点。单击"下一步"按钮进入"目录和文件权限"界面，如果在步骤（3）中选择继承权限，则直接进入下一步。

（5）在"Windows 目录及文件权限"界面中，允许对目录和文件权限做出修改，这种修改是以和系统推荐权限进行对照的方式进行的。Windows 2000 推荐的权限设置为管理员账号拥有对站点文件和文件夹的全部访问权限，其他全体用户（包括匿名访问用户）拥有读取的权限。通过与这个推荐权限的比较，向导提供了 3 种可供选择的选项。最简单的就是选中"保持目录和文件权限"单选按钮，不做任何更改；也可以按照推荐方案选中"替换全部目录和文件访问权限"单选按钮，这样站点文件的权限将按推荐权限做出更改；另外一种方式是选中"原封不动地保持当前目录和文件许可配置，并加入推荐的许可权限"单选按钮，这实际上是一个折中的方案，先取当前权限与推荐权限的差集，再将差集附加到当前权限上，即最大限度地保持当前权限并最大限度地执行了推荐方案。单击"下一步"按钮继续。

（6）在"安全摘要"界面中列出了摘要性的权限报告，包括验证方法、访问许可、IP 地址限制、ACL 替换等。这些信息有助于清楚地了解站点的安全设置以及刚才所作配置的影响。单击"下一步"按钮继续。

（7）单击"完成"按钮结束权限向导。

3. 综合安全访问控制

前述各种安全设置共同工作时，究竟哪种权限设置居于主导地位呢？实际上，各种安全设置是共同发生作用的，也只有依赖于相互独立的若干种安全模式的共同作用，才能保证站点安全的万无一失。当站点接到来自用户浏览器的访问请求时，各种安全模式的应用流程如下：

（1）用户浏览器所在计算机的 IP 地址是否与 IIS 设置的 IP 地址限制重合？如果来自受限 IP，访问将被拒绝；否则进入下一步验证。

（2）用户身份验证是否通过？对于非匿名访问的站点，要对用户进行账号验证，如果使用非法账号，访问将被拒绝；否则进入下一步验证。

（3）在 IIS 中指定的 Web 权限是否允许用户访问。Web 权限包括对文件的读、写权限和对应用程序的执行/脚本权限，它们是对所有用户同时发生作用的。如果用户试图进行未授权的访问，访问将被拒绝；否则进入下一步验证。

（4）用户正在进行的操作请求是否符合相应 Web 文件或文件夹的 NTFS 许可权限。

NTFS 权限与前述 Web 权限没有相互作用，它是针对各个用户账号的。一旦用户企图进入其账号没有权利进行访问的资源，访问将被拒绝。

（5）一旦用户通过上述 4 步验证就可以访问其请求的资源了。

至此已经明白 NTFS 权限与 Web 权限的关系，其实它们没有丝毫的共同点，完全是互相独立进行设置的。但是，对于用户访问权限的验证，它们却是共同工作的。只有同时满足两种权限验证的用户才能最终访问到他所请求的资源。

4. 数据加密与数字验证

前面用了大量的篇幅讨论安全问题，遵循前面介绍的权限设定身份认证机制，已经有可能将非法用户拒之门外，即使是合法用户，也不能访问其账号权限所不能及的资源。但是，这样一来，系统资源就真的安全了吗？答案是否定的，原因很简单，合法用户所请求的数据流并未加密，黑客只要利用唾手可得的工具在公共网络上进行数据监听就可以轻易获得网站的安全性数据。可见，数据加密的工作对一个需要较高安全性的网站而言还是非常重要的。

5. 数据加密原理

笼统地说，数据加密有两种方式，即对称式数据加密和非对称式数据加密。不论哪种方式都是借助于称为密钥的算法对数据进行预先处理的，从而使在网络上传输的数据是经过处理的密文。下面将逐一介绍其工作原理与特性。

所谓对称是指采用这种加密方法的双方使用同样的密钥进行加密和解密。我们已经知道，密钥实际上是一种算法，那么这里的通信发送方使用这种算法（密钥）加密数据，接收方再使用同样的算法（密钥）解密数据。

这里还涉及一个问题：数据接收方怎么知道密钥的内容，亦即接收计算机如何得到加密/解密算法。实际上，上述数据传送过程省略了一个密钥交换的步骤，数据发送计算机必须以某种方式（通常也是网上传送）将密钥传送给数据接收计算机。接下来的问题是如何保证密钥的传送是安全的，这个问题看似无解，其实在理论上也确实并没有什么解决办法。对称式加密方式本身不是安全的。

非对称加密是基于数字证书的加密体系中的一种加密方式。当发送信息时，发送方使用接收方的公钥对数据加密，而接收方则使用自己的私钥解密，这样，信息就可以安全无误地到达目的地了，即使被第三方截获，由于没有相应的私钥，也无法进行解密。通过数字的手段保证加密过程是一个不可逆过程，即只有用私有密钥才能解密。

10.3.3 配置服务器权限

可以对服务器上的特定网站、文件夹和文件授予 Web 服务器权限。与 NTFS 文件系统权限（只适用于具有有效 Windows 账户的特定用户或用户组）不同，Web 服务器权限适用于访问网站的所有用户，而不管这些用户具有什么样的特定访问权限。

默认情况下，Web 访问权限使用 IUSR_ComputerName 账户。安装 IIS 时，就创建了 IUSER_ComputerName 账户，并将其用作默认的匿名用户账户。当启用匿名访问时，IIS 会使用 IUSER_ComputerName 账户来登录访问网站的所有用户。

IUSR_ComputerName 账户被授予对构成服务器网站的所有文件夹的 NTFS 权限。不过，可以更改网站中任何文件夹或文件的权限。例如，可以使用 Web 服务器权限来控制是否允许网站访问者查看某一特定网页、加载信息或运行脚本。

当同时配置 Web 服务器权限和 Windows NTFS 权限时，可以在多个级别（从整个网站到单个文件）控制用户访问 Web 内容的方式。

授予对 Web 内容的 Web 服务器权限的方法如下：

（1）启动 Internet 服务管理器或者启动 IIS 管理单元。

（2）单击以展开* server name，其中 server name 是服务器的名称。

（3）右击要为用户授予访问权限的网站、虚拟目录、文件夹或文件，在弹出的快捷菜单中选择"属性"命令。

（4）根据具体情况选择下列选项卡之一：

☑　主目录。

☑　虚拟目录。

☑　目录。

☑　文件。

（5）选中或清除下列任何一个对应要授予的 Web 权限级别的复选框（如果存在）。

☑　脚本资源访问：授予此权限将允许用户访问源代码。"脚本资源访问"包含脚本的源代码，如 Active Server Pages（ASP）程序中的脚本。注意，此权限只有在授予"读取"或"写入"权限时才可用。

注意

如果选中"脚本资源访问"复选框，用户将可以从 ASP 程序的脚本中查看到敏感信息，如用户名和密码。它们还能够更改服务器上运行的源代码，严重影响服务器的安全和性能。建议使用单个的 Windows 账户和更高级别的身份验证（如集成的 Windows 身份验证）来处理对此类信息和这些功能的访问。

☑　读取：授予此权限将允许用户查看或下载文件或文件夹及其相关属性。"读取"权限默认情况下是选中的。

☑　写入：授予此权限将允许用户把文件及其相关属性上传到服务器中启用的文件夹，或允许用户更改启用了写入权限的文件的内容或属性。

☑　目录浏览：授予此权限将允许用户查看虚拟目录中的文件和子文件夹的超文本列表。注意，文件夹列表中并不显示虚拟目录，用户必须知道虚拟目录的别名。

注意

如果下列两个条件都满足，则当用户试图访问服务器上的文件或文件夹时，Web 服务器将在用户的 Web 浏览器中显示一条 Access Forbidden（禁止访问）错误信息：目录浏览被禁用；用户未在"地址"文本框中指定文件名，如 Filename.htm。

☑　记录访问：授予此权限可在日志文件中记录对此文件夹的访问。只有在为网站启用了日志记录时才会记录日志条目。

☑　索引资源：授予此权限将允许 Microsoft 索引服务在网站的全文索引中包含该文件夹。授予此项权限后，用户将可以对此资源进行查询。

（6）在执行权限下拉列表框中，选择一个设置以确定脚本在此网站上以何种方式运行。可以使用以下设置。

☑ 无：如果不希望用户在服务器上运行脚本或可执行的程序，则选择此设置。当使用此设置时，用户只能访问静态文件，如超文本标记语言（HTML）文件和图像文件。

☑ 仅脚本：选择此设置可在服务器上运行诸如 ASP 程序之类的脚本。

☑ 脚本和可执行文件：选择此设置可在服务器上同时运行 ASP 程序之类的脚本和可执行程序。

（7）单击"确定"按钮，退出"Internet 服务管理器"或退出 IIS 管理单元。

10.4 加密与证书管理

10.4.1 加密工作原理

SSL 是一个安全协议，它提供使用 TCP/IP 的通信应用程序间的隐私与完整性。Internet 的超文本传输协议（HTTP）使用 SSL 来实现安全的通信。

在客户端与服务器间传输的数据是通过使用对称算法（如 DES 或 RC4）进行加密的。公用密钥算法（通常为 RSA）是用来获得加密密钥交换和数字签名的，此算法使用服务器的 SSL 数字证书中的公用密钥。有了服务器的 SSL 数字证书，客户端也可以验证服务器的身份。SSL 协议的版本 1 和版本 2 只提供服务器认证。版本 3 添加了客户端认证，此认证同时需要客户端和服务器的数字证书。

SSL 连接总是由客户端启动的。在 SSL 会话开始时执行 SSL 握手。此握手产生会话的密码参数。处理 SSL 握手的简单概述，如图 10.11 所示。此示例假设已在 Web 浏览器和 Web 服务器间建立了 SSL 连接。

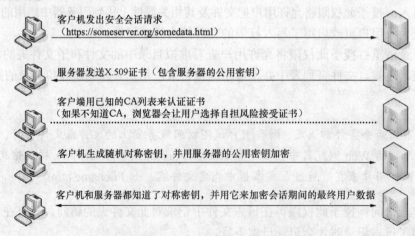

图 10.11 SSL 的客户端与服务器端的认证握手

（1）客户端发出客户端密码能力的客户端"您好"消息（以客户端首选项顺序排序），如 SSL 的版本、客户端支持的密码对和客户端支持的数据压缩方法。消息也包含 28 字节的随机数。

（2）服务器以服务器"您好"消息响应，此消息包含密码方法（密码对）和由服务器选择的数据压缩方法，以及会话标识和另一个随机数。

注意

客户端和服务器至少必须支持一个公共密码对，否则握手失败。服务器一般选择最大的公共密码对。

（3）服务器发送其 SSL 数字证书（服务器使用带有 SSL 的 X.509 V3 数字证书）。

如果服务器使用 SSL V3，而服务器应用程序（如 Web 服务器）需要数字证书进行客户端认证，则客户端会发出"数字证书请求"消息。在"数字证书请求"消息中，服务器发出支持的客户端数字证书类型的列表和可接受的 CA 的名称。

（4）服务器发出"您好，完成"消息并等待客户端响应。

（5）接收到服务器的"您好，完成"消息，客户端（Web 浏览器）将验证服务器的 SSL 数字证书的有效性并检查服务器的"您好"消息参数是否可以接受。

如果服务器请求客户端数字证书，客户端将发送其数字证书；或者，如果没有合适的数字证书是可用的，客户端将发送"没有数字证书"警告。此警告仅仅是警告而已，但如果客户端数字证书认证是强制性的，服务器应用程序将会使会话失败。

（6）客户端发送"客户端密钥交换"消息。此消息包含 pre-master secret（一个用在对称加密密钥生成中的 46 字节的随机数字）和消息认证代码（MAC）密钥（用服务器的公用密钥加密的）。

如果客户端发送客户端数字证书给服务器，客户端将发出签有客户端的专用密钥的"数字证书验证"消息。通过验证此消息的签名，服务器可以显示验证客户端数字证书的所有权。

注意

如果服务器没有属于数字证书的专用密钥，它将无法解密 pre-master 密码，也无法创建对称加密算法的正确密钥，且握手将失败。

（7）客户端使用一系列加密运算将 pre-master secret 转化为 master secret，其中将派生出所有用于加密和消息认证的密钥。然后，客户端发出"更改密码规范"消息将服务器转换为新协商的密码对。客户端发出的下一个消息（"未完成"的消息）为用此密码方法和密钥加密的第一条消息。

（8）服务器以自己的"更改密码规范"和"已完成"消息响应。

（9）SSL 握手结束，且可以发送加密的应用程序数据。

10.4.2 服务器网关加密

服务器网关加密（SGC）使用 128 位加密为金融机构提供了全球金融交易解决方案。SGC 是安全套接字层（SSL）的扩展，它允许拥有 IIS 出口版本的金融机构使用强加密。

SGC 不要求在客户端浏览器上运行应用程序，并且可由 IIS 4.0 或更高版本的标准出口版本使用。配置了 SGC 的服务器可以方便地进行 128 位和 40 位加密。虽然 SGC 功能已内建到 IIS 4.0 及以后版本中，但是使用 SGC 时还需要特殊的 SGC 证书。联系证书颁发机构以获取可用信息。

10.4.3　IIS 服务器证书

1. IIS 网站证书

完成了证书请求文件的生成后，就可以开始申请 IIS 网站证书了。但这个过程需要证书服务（Certificate Services）的支持。Windows 2003 系统默认状态未安装此服务，需要手工添加。

2. 安装证书服务

在"控制面板"中打开"添加或删除程序"图标，切换到"添加/删除 Windows 组件"页，在"Windows 组件向导"对话框中，选中"证书服务"选项，接下来选择 CA 类型，这里笔者选择"独立根 CA"，然后为该 CA 服务器起个名字，设置证书的有效期限，建议使用默认值"5 年"即可，最后指定证书数据库和证书数据库日志的位置，即完成了证书服务的安装。

3. 安装证书服务

完成了证书服务的安装后，即可开始申请 IIS 网站证书。运行 Internet Explorer 浏览器，在地址栏中输入"http://localhost/CertSrv/default.asp"。接着在"Microsoft 证书服务"欢迎窗口中单击"申请一个证书"链接，然后在证书申请类型中单击"高级证书申请"链接，在高级证书申请窗口中单击"使用 BASE64 编码的 CMC 或 PKCS#10 文件提交…"链接，接着将证书请求文件的内容复制到"保存的申请"文本框中，这里作者的证书请求文件内容保存在 d:\certreq.txt 目录下，最后单击"提交"按钮。

虽然完成了 IIS 网站证书的申请，但这时它还处于挂起状态，需要颁发后才能生效。选择"控制面板"→"管理工具"命令，运行"证书颁发机构"程序。在"证书颁发机构"左侧窗口中展开目录，单击选中"挂起的申请"目录，在右侧窗口找到刚才申请的证书，右击该证书，在弹出的快捷菜单中选择"所有任务"→"颁发"命令。

接着选择"颁发的证书"目录，打开刚刚颁发成功的证书，在"证书"对话框中选择"详细信息"选项卡。单击"复制到文件"按钮，弹出"证书导出"对话框，在"要导出的文件"文本框中指定文件名，这里保存证书路径为 d:\cce.cer，最后单击"完成"按钮。

在 IIS 管理器的"目录安全性"选项卡中单击"服务器证书"按钮，弹出"挂起的证书请求"对话框，选择"处理挂起的请求并安装证书"选项，单击"下一步"按钮后，指定好刚才导出的 IIS 网站证书文件的位置，接着指定 SSL 使用的端口，建议使用默认的 443，最后单击"完成"按钮。

完成了证书的导入后，IIS 网站这时还没有启用 SSL 安全加密功能，需要对 IIS 服务器进行配置。

右击需要加密访问的站点目录（如果希望全站加密，可以选择整个站点），在弹出的快捷菜单中选择"属性"命令，在弹出对话框的"目录安全性"选项卡中，单击"安全通信"

选项区域的"编辑"按钮，选中"要求安全通道（SSL）"和"要求 128 位加密"复选框，最后单击"确定"按钮即可。如果需要用户证书认证等高级功能，也可以选择需要客户证书，还可以把特定证书映射为 Windows 用户账户。

应用了 SSL 加密机制后，IIS 服务器的数据通信过程如下：首先客户端与 IIS 服务器建立通信连接，接着 IIS 把数字证书与公用密钥发给客户端。然后使用这个公用密钥对客户端的会话密钥进行加密后，传递给 IIS 服务器，服务器端接收后用私人密钥进行解密，这时就在客户端和 IIS 服务器间创建了一条安全数据通道，只有被 IIS 服务器允许的客户才能与它进行通信。

参 考 文 献

1. 徐磊. 网页制作与网站建设技术大全. 北京：清华大学出版社，2008
2. 梁露. 中小企业网站建设与管理. 北京：清华大学出版社，2010
3. 张殿明，徐涛. 网站规划建设与管理维护. 北京：清华大学出版社，2008
4. 吴振峰. 网站建设与管理. 北京：高等教育出版社，2005
5. 刘运臣. 网站设计与建设. 北京：清华大学出版社，2008
6. 张殿明，徐涛. 网站规划建设与管理维护. 第 2 版. 北京：清华大学出版社，2012
7. 宋一兵，金怡，张明. 网站建设与管理. 北京：人民邮电出版社，2007
8. 陈明. 网站建设实用教程. 北京：清华大学出版社，2008